Dr. Michael Lohmann

TIER PARADIES GARTEN

Das Praxisbuch für die ganze Familie

Lebensräume

Schutzmaßnahmen

Nisthilfen

Beobachtungstipps

Tierporträts

blv

GÄRTEN ALS LEBENSRAUM FÜR TIERE

Kein Garten gleicht dem anderen. Die Vielfalt der Gärten und ihre Auswirkungen auf deren Tierwelt hat viele Gründe, und es ist nicht leicht, die wichtigsten zuerst zu nennen, da sich Gärten auch darin unterscheiden.
In einer Reihenhaussiedlung, in der alle Gärten von gleicher Größe, gleicher Lage zur Himmelsrichtung, gleicher Bodenbeschaffenheit usw. sind, werden die persönlichen Vorlieben in Gestaltung und Bepflanzung, die persönlichen Bedürfnisse in Nutzung und Pflege die wichtigsten Gründe dafür sein, in welcher Weise sich jeder dieser anfangs nahezu identischen Gärten entwickelt, wie viele und welche Tiere jeder nach einer gewissen Zeit und im Laufe des Jahres beherbergen wird.
Doch selbst in den Fällen, in denen die individuellen Vorlieben der Gartenbesitzer der dominierende Faktor zu sein scheinen, können andere, vom einzelnen Gärtner kaum beeinflussbare Ursachen eine mindestens ebenso große Rolle spielen. Das betrifft besonders all jene Tiere, die aus der Umgebung nur zu Besuch in unsere Gärten kommen. Und das sind nicht wenige, wenn man darunter die Tiere versteht, für die der Garten nur Teil ihres Lebensraums ist, in dem sie kürzer oder länger rasten, nach Nahrung suchen – oder auch sich fortpflanzen.
Beim letzten Punkt mögen sich die Geister scheiden. Bezeichnen wir denn nicht auch Mauersegler, Schwalbe, Rotschwanz und Grasmücke als heimische Vogelarten, obwohl sie doch einen oft nicht geringen Teil ihres Lebens an den Küsten des Mittelmeers oder in Afrika verbringen? Gelten uns nicht Distelfalter, Admiral und Taubenschwänzchen als heimische Schmetterlinge, obwohl sie doch jedes Jahr neu aus dem Süden zuwandern, weil sie in unserem Klima nicht dauerhaft leben können?
Es geht mir hier nicht um Wortklauberei. Ob wir eine in unserem Garten brütende Meise, die das Futter für ihre Brut aus einem nahen Wäldchen holt, ob wir einen in unserem Teich laichenden und danach wieder abwandernden Grasfrosch als Gartengäste oder Gartenbewohner bezeichnen, ist nicht von Bedeutung. Woran mir liegt, ist der Hinweis darauf, dass Tiere oft sehr vielfältige Lebensraumansprüche haben, die mit einem – zumal kleinen – Garten nur teilweise abzudecken sind. Mäusebussarde brüten in Wäldern, brauchen zur Mäusejagd aber Wiesen und Felder. Erdkröten und Grasfrösche leben im Wald und in anderen Landlebensräumen, ohne Gewässer können sie sich aber nicht fortpflanzen. Kleiner Fuchs und Tagpfauenauge stärken sich am Nektar bunter Blüten, ohne Brennnesseln für ihren Nachwuchs gäbe es sie aber bald nicht mehr. Dies und viele andere Beispiele zeigen, wie komplex die Abhängigkeiten vieler Tiere sind. Ihre Beweglichkeit ermöglicht es ihnen, hier zu fressen, dort sich zu verstecken und ganz woanders für Nachwuchs zu sorgen. Ihre Beweglichkeit ermöglicht es ihnen, den Tag oder die Nacht zu nutzen, um auf Nahrungssuche zu gehen, und sie ermöglicht es ihnen, den Sommer hier und den Winter dort zu verbringen. (Vögel und Schmetterlinge haben den Tourismus Millionen Jahre vor uns entdeckt!)
Wenn aber nur einzelne Steinchen in diesem Mosaik tierischer Lebensräume zerstört sind, dann nützt auch die größte Beweglichkeit, der erstaunlichste Wanderinstinkt nicht mehr viel. Wir mögen uns noch so bemühen, dem Gartenrotschwanz den Verlust an natürlichen Baumhöhlen mit Nistkästen im Garten wettzumachen. Wenn in seinen afrikani-

Ob ein Garten zum »Tierparadies« werden kann oder nicht, hängt vom Gespür des Gärtners für Lebensraum- und Strukturvielfalt ab; so etwas entsteht nur teilweise durch Tun, oft mehr durch Lassen.

Ein rings von Asphalt umgebener Garten ist für viele Tiere unerreichbar.

schen Winterquartieren die Wüsten sich ausbreiten, dann wird man bald sein hübsches Lied nicht mehr hören.

Und was hat das alles mit unseren Gartentieren zu tun? Die Beispiele sollen uns als Garten- und Naturfreunde sensibel und bescheiden zugleich machen. Sensibel für die ebenso wunderbaren wie komplizierten – und oft globalen! – Verflechtungen allen Lebens, bescheiden im Hinblick auf unsere Möglichkeiten, mit unserem Garten einen Beitrag zum Naturschutz leisten zu können. Wir können einen Beitrag leisten, aber er ist bescheiden. Darum sollten wir uns auch jenseits unseres Gartenzauns für eine gesunde und lebensvolle Welt einsetzen.

Das Umfeld des Gartens

Die meisten Hausgärten liegen nicht isoliert in einer leblosen Umgebung, sondern haben direkten oder indirekten Kontakt mit anderen Gärten, mit öffentlichen Grünflächen, mit Feldern und Wiesen oder sogar mit einem Wald, See oder Fluss. Davon, wie diese nähere und weitere Umgebung des Gartens beschaffen ist, hängt die Vielfalt und Zusammensetzung der Gartenfauna entscheidend ab. Im Allgemeinen haben wir keinen Einfluss auf Gestaltung und Nutzung des Gartenumfeldes. Das Gespräch über den Gartenzaun kann aber nie schaden. Auch wenn wir uns vom Ergebnis keine übertriebenen Hoffnungen machen sollten – ein eingefleischter Ordnungsfanatiker wird sich kaum zu etwas mehr Wildwuchs überreden lassen –, so kann man doch manchmal das eine oder andere Samenkorn ökologischen Denkens über den Zaun schmuggeln oder sich vielleicht sogar auf eine gemeinsame Wildstrauchhecke entlang der gemeinsamen Grundstücksgrenze einigen.

Gut nachbarschaftliche Beziehungen sind ohnehin für jeden Gartenbesitzer ein Muss, wenn man die oft genug vor Gericht endenden Streitigkeiten vermeiden will, zu denen Wurzeln, Äste, Früchte, Herbstlaub und sogar Schatten, die sich nicht an Grundstücksgrenzen halten, viel häufiger führen, als man es für möglich halten möchte. In Fällen unüberbrückbarer gartenanschaulicher Differenzen bietet das unverfängliche Thema

Glücklich darf sich schätzen, wer solch alte Obstanger als Gartennachbarn hat.

Wetter stets Stoff für ein paar Frieden erhaltende Worte.
Wo direkte Bekehrungsversuche wenig Aussicht auf Erfolg haben, kann man andere Wege beschreiten. So kann man etwa dem von Gartenchemie und Maschinenpark, von unkrautfreiem Rasen und Blautanne allzu faszinierten Nachbar zu passender Gelegenheit ein hübsch bebildertes Büchlein über die Freuden eines etwas natürlicheren Gartens überreichen. Oder man kann ihn (oder sie) mitnehmen zur Versammlung eines fortschrittlichen Gartenbauvereins oder der lokalen Naturschutzgruppe.
Der Rückhalt solcher Gruppen kann auch nützlich sein, wenn sich die Mitarbeiter des städtischen Gartenamtes bei Gestaltung und Pflege der öffentlichen Grünanlagen allzu grobe Verstöße gegen die Regeln des ökologischen Anstands zu Schulden kommen lassen. Immer auf offene Ohren stößt man bei kommunalen Verwaltungen mit dem Argument der Kostenersparnis durch eine weniger penible Pflege öffentlichen Grüns. Und wo sich Stadtväter vor der öffentlichen Meinung fürchten, kann man dezente Schilder empfehlen, die auf die ökologische Bedeutung einer spät gemähten Wiese, eines verrottenden Reisighaufens hinweisen.
Hier darf der Hinweis nicht fehlen, dass die Summe aller Gärten und Grünanlagen in Mitteleuropa die Fläche der ausgewiesenen

Gärten sind so verschieden wie ihre Besitzer; dem einen ist Nutzen und Ordnung, dem andern Leben und Vielfalt wichtig.

Naturschutzgebiete in den meisten Ländern um das Mehrfache übersteigt. Zwar können Gärten in vielerlei Hinsicht mit großräumigen Schutzgebieten nicht konkurrieren, sie sind aber trotzdem ein wichtiges Gegengewicht zur immer noch wachsenden Verödung landwirtschaftlicher Flächen. Selbst in Städten ist der Artenreichtum der Gärten, etwa bei Insekten und Vögeln, wesentlich höher als der der offenen Feldflur.

Lebensbedingungen im Garten

In welchem Umfang ein Garten wild lebenden Tieren Lebensbedingungen bietet, Heimat oder gastlicher Aufenthaltsort sein kann, hängt aber auch und oft vor allem von seiner eigenen Beschaffenheit ab. Sogar kleine Gärten sind für viele Tierarten ein kompletter Lebensraum, wo sie alles finden, was sie zum Leben brauchen. Das gilt insbesondere für die kleinen, oft versteckt lebenden Tierarten, auf die wir noch zu sprechen kommen. Größere Tiere, wie sie im speziellen Teil dieses Buches vorgestellt werden, verbringen in kleineren Gärten oft nur einen Teil ihres Lebens oder sind gar nur flüchtige Gäste.
Mit der Größe des Gartens wächst verständlicherweise auch die Zahl der größeren Tiere, die hier sämtliche Bedingungen finden, die sie zum Leben und zur

Fortpflanzung brauchen. Ökologen haben diesen Zusammenhang zwischen Flächengröße und Artenzahl in der so genannten Arten-Areal-Kurve wissenschaftlich erfasst. Danach steigt die Zahl der Arten (erwartungsgemäß) mit zunehmender Fläche zunächst steil an und flacht schließlich auf ein landschaftstypisches Niveau ab. Natürlich kann man solche Kurven mit vernünftigem Zeitaufwand nur für leicht beobachtbare Tiergruppen, wie etwa Vögel oder Schmetterlinge, aufstellen. Vergleicht man die Artenzahl einer gegebenen Fläche mit dieser Mittelwertskurve, so kann man feststellen, ob die Fläche besonders artenreich oder aber verarmt ist.

Die Grundstücksgröße allein stellt aber gewissermaßen nur das Potenzial eines Tierlebensraumes oder besser: von Tierlebensräumen dar. Ein Hektar eines intensiv bewirtschafteten Ackers bietet selbstverständlich viel weniger Tierarten Lebensmöglichkeiten als ein Hektar eines reich strukturierten Mischwaldes. Und der Artenreichtum lässt sich noch steigern, wenn nicht nur die Strukturen der Vegetation, sondern auch Geländerelief und Bodenbeschaffenheit vielfältig sind.

In Parks und Gärten haben wir die Möglichkeit, auf relativ kleinen Flächen die Vielfalt erheblich zu fördern. Bereits ohne die Absicht, den Reichtum an Tier- und Pflanzenarten durch eine Vielfalt von Kleinbiotopen zu steigern, weisen heute viele, besonders ältere Parks, Friedhöfe und Gärten oft einen höheren Artenreichtum auf als entsprechende Flächen im Urzustand oder gar in der so genannten Kulturlandschaft – die man besser als Produktionslandschaft bezeichnet. So hat man etwa im Münchner Nymphenburger Park nicht weniger als 73 Brutvogelarten gezählt, deutlich mehr als in jedem natürlichen Lebensraum dieser Größe. Dieser Effekt lässt sich noch verbessern, wenn gezielt bei der Gestaltung auf Abwechslungsreichtum geachtet wird. Und das fängt mit dem Boden an.

Bodenständiges

Wie sehr alles in der Natur zusammenhängt, wird einem so recht bewusst, wenn man zur Beschreibung und Erklärung der Zusammenhänge eine sinnvolle Reihenfolge oder Hierarchie sucht. Boden ist zwar im wahrsten Sinn des Wortes ein sehr grundlegender Faktor in Ökosystemen, er wird aber durch Temperaturen, Winde und Niederschläge, durch Pflanzen und Tiere in einem so hohen Maße selbst verändert und bestimmt, dass man zumindest in den oberen Bodenschichten nicht recht weiß, welchem Reich man ihn überhaupt zuordnen soll.

Doch wenden wir uns zunächst den mehr physikalischen Eigenschaften zu, dem Geländerelief und der Bodenbeschaffenheit, beide von großer Bedeutung für das Tierleben.

Bei den meisten Gärten kann man von Geländerelief leider kaum sprechen, da alles topfeben ist. Dabei genügt doch ein aufmerksamer Blick in unsere Landschaften, um die ökologische Bedeutung von Erhebungen und Vertiefungen, von Hängen und Mulden im Großen wie im Kleinen zu erkennen. Allerdings lehrt uns der Blick in die Landschaften vor allem auch, wie verödend sich die überall praktizierte Einebnung auswirkt.

Ganz allgemein: Bodenerhebungen, besonders aus wasserdurchlässigem, sandig-kiesig-felsigem Material, bieten vielerlei Möglichkeiten für Trockenheit und Wärme liebende Lebensgemeinschaften. Bodenmulden eignen sich, besonders im Verbund mit lehmig-moorigem Material, für Feuchtflächen aller Art und die dort lebenden Pflanzen und Tiere.

Solche Einsichten nützen dem Naturgartenfreund freilich nur dann, wenn sein Garten nicht gar zu klein (sagen wir: unter 100 m^2) ist. Auch empfiehlt es sich, tiefer greifende Maßnahmen der »Landschaftsgestaltung« gleich bei der Bebauung eines Grundstücks zu planen und durchzuführen.

Bei bereits bestehenden Gärten ist zu bedenken: Da eine der wertvollsten ökologischen Eigenschaften eines Gartens sein Alter ist, sollte man es sich gut überle-

Selbst kleine Wasserflächen beleben einen Garten ungemein. Zum wertvollen Lebensraum für Tiere werden sie durch harmonische Einfügung und flache Ufer. Durch partielle Überhöhung des Ufers wurde hier gleichzeitig ein Refugium für Wärme liebende Pflanzen und Tiere geschaffen.

gen, bevor man in das über Jahre Gewachsene mit Bagger und Schubraupe eingreift. Und hüten Sie sich vor jeder Übertreibung! Machen Sie aus Ihrem Garten auf keinen Fall eine Berg- und Talbahn! Auch nicht eine Miniaturlandschaft mit Hochgebirge, See und Wald! Bescheiden Sie sich und achten Sie bei künstlichen Erhebungen und Vertiefungen auf natürliche Verhältnisse, auf sanfte (oder terrassierte) Böschungen. Nichts ist scheußlicher als der Eindruck von Bombenkratern und Mini-Matterhörnern.

Wie schon angedeutet, hängen Geländerelief und Bodenbeschaffenheit oft, aber nicht immer zusammen. Wo nicht der Mensch, sondern Naturkräfte die Entwicklung von Relief und Boden bestimmt haben, sind die Zusammenhänge meist noch klar erkennbar: Wasser und Wind tragen felsige Erhebungen ab, und je weiter das mineralische Material transportiert wird, desto feinkörniger wird es zerrieben, zu Kies und schließlich zu Sand. In Mulden und Senken können sich Seen und Tümpel mit reicher Vegetation bilden, deren Abfälle im Verlauf von Jahrtausenden torfige Schichten bilden. Es entsteht ein Mosaik aus Mooren und Gewässern mit ganz eigenen Lebensgemeinschaften.

Wo Zu- und Ablauf von Wasser im Gleichgewicht stehen, wachsen Wälder heran, deren Wurzeln und Abfälle ebenfalls tief greifende (!) Auswirkungen auf die Bodenbildung haben. Die hohen Stämme der Bäume und ihr Kronendach schaffen ein eigenes Kleinklima, einen von offenen Flächen sehr verschiedenen Le-

bensraum für Pflanzen und Tiere, die oft nur hier, im Schutz des Waldes, leben können.
Wiesen, die im Garten einen bedeutenden Teil der Flächen einnehmen, sind in mitteleuropäischen Landschaften von Natur aus selten. Nur die Salzwiesen an den Küsten und die Bergwiesen über der Baumgrenze oder an sehr steilen Berghängen sind natürliche Wiesen. Alle anderen sind ein Produkt der Beweidung und bäuerlichen (oder gärtnerischen) Mähfleißes. Als Übergang von der kurzrasigen Wiese zum Wald kann man so genannte Hochstaudenfluren und Gebüsche ansehen; sie sind auch zeitlich oft Zwischenstufen in der Entwicklung zum Wald.
Man mag sich fragen, was denn diese Betrachtung der verschiedenen Pflanzen-Lebensgemeinschaften in einem Abschnitt über den Boden zu suchen, mit dem Thema Tiere zu tun hat. Es ist das Dilemma der Ökologie, auf das ich am Anfang dieses Abschnitts schon hingewiesen habe: Böden haben sehr viel mit der darauf wachsenden Vegetation zu tun (und umgekehrt), und die Tierwelt, nicht zuletzt die des Bodens, ist geradezu ein Spiegelbild von Boden und Vegetation.

Falllaub ist ein wunderbarer Winterschutz für den Lebensraum Boden und Nährstoffdepot für die nächste Vegetation.

Leben im Untergrund

Als visuelle Lebewesen, als »Augentiere« neigen wir dazu, all das überzubewerten, was wir sehen, und entsprechend das unterzubewerten, was wir nicht sehen. Vom Leben im Boden haben die meisten Menschen völlig unzureichende Vorstellungen. Abgesehen von wenigen Ausnahmen (Maulwurf, Regenwurm …) kennt man so gut wie keines der unzähligen Tiere im Boden, und noch viel weniger ist deren ebenso gigantische wie existenzielle Funktion im Naturhaushalt bekannt.
Sicher haben Sie sich schon manchmal Gedanken gemacht, was eigentlich mit all der grünen Pracht des Sommers auf Wiesen, in Mooren, an Seeufern, was mit den Bergen von herbstlichem Falllaub der Parks und Wälder geschieht, warum nicht im Lauf der Jahre all diese Abfälle den Boden höher und höher werden lassen. Tatsächlich erleben wir hier jedes Jahr eine Kreislaufwirtschaft, von deren Perfektion jeder Umweltminister nur träumen kann. Und diese Perfektion ist in einer Natur, die nicht nach Wahlperioden, sondern nach Jahrmillionen rechnet, auch absolut lebensnotwendig.

Man hat ausgerechnet, dass alles Leben auf der Erde innerhalb von 20–30 Jahren an sich selbst ersticken würde, wenn die Stoffkreisläufe nicht so (nahezu) hundertprozentig funktionieren würden. Auch wenn den Abbau der organischen Abfälle hauptsächlich pflanzliche Organismen (Bakterien, Strahlenpilze) leisten, so sind doch auch ganze Heerscharen von Tieren damit beschäftigt, die zunächst recht grobe Kost zu zerkleinern und damit den Mikroorganismen erst richtig zugänglich zu machen. Besonders Fadenwürmer (Nematoden) und Hornmilben machen sich in riesiger Zahl auf diesem Gebiet nützlich – viele Millionen pro Quadratmeter. Aber auch Asseln, Hundertfüßer, Doppelfüßer, Springschwänze, Mückenlarven und viele andere beteiligen sich am großen Recycling.

Die zweite wichtige Aufgabe insbesondere der größeren Bodentiere besteht darin, die schließlich zu Humus abgebauten Abfälle mit dem mineralischen Boden zu vermischen. Natürlich machen die daran beteiligten Tiere das nicht selbstlos, sondern weil sie sich von den Bakterien, Pilzen und pflanzlichen Resten ernähren und die tieferen Bodenschichten aus Gründen der Temperatur- und Feuchtigkeitsregulation aufsuchen. Der absolute Meister auf diesem Gebiet ist der Regenwurm, oder besser gesagt: sind die Regenwürmer – denn es gibt von ihnen bei uns ein gutes Dutzend Arten, und in 1 m^2 Wiesenboden kann man bis zu 400 Individuen zählen.

Ihm, dem Regenwurm, hat kein Geringerer als Charles Darwin eine ganze Monografie gewidmet, in der es unter anderem heißt: »Es ist wohl wunderbar, wenn wir uns überlegen, dass die ganze Masse des oberflächlichen Humus durch die Körper der Regenwürmer hindurchgegangen ist und alle paar Jahre wiederum durch sie hindurchgehen wird. Der Pflug ist eine der allerältesten und wertvollsten Erfindungen des Menschen; aber schon lange, ehe er existierte, wurde das Land durch Regenwürmer regelmäßig gepflügt und wird fortdauernd noch immer gepflügt. Man kann wohl bezweifeln, ob es noch viele andere Tiere gibt, welche eine so bedeutungsvolle Rolle in der Geschichte der Erde gespielt haben wie diese niedrig organisierten Geschöpfe.«

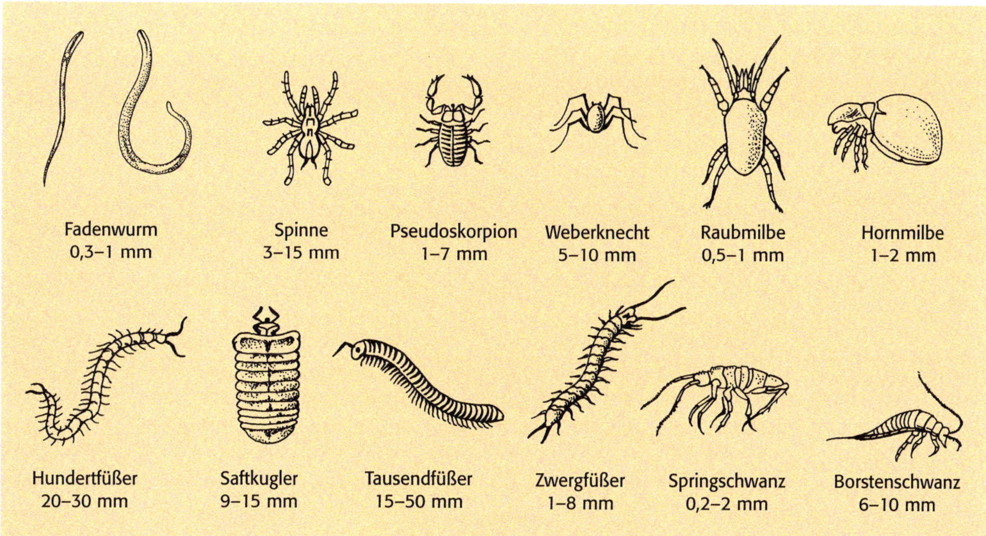

Die Spezialisten der Abfallverwertung des Bodens sind klein bis winzig, aber vielfältig und zahlreich – und ungemein tüchtig.

Das Loblied auf den Regenwurm hat noch viele Strophen, von denen wir hier aber nur zwei erwähnen wollen: die Auskleidung seiner unterirdischen Gänge mit einem für Bodenstruktur und Pflanzenwurzeln höchst nützlichen Schleim und seinen Kot, den man als die perfekte Gärtnererde schlechthin bezeichnen darf. Denn im Gegensatz zum Pflug oder Spaten graben Regenwürmer den Boden nicht nur um, sondern veredeln ihn, indem sie Mineralisches und Organisches (Humus) intensiv und feinkrümelig vermischen, dabei das Ganze mit Schleim und Bakterien anreichern und somit den toten (nur für wenige Pflanzen verträglichen) Boden gewissermaßen zum Leben erwecken.

Über dem vorzüglichen Regenwurm sollten wir aber einige weniger angesehene Bodendurchmischer nicht vergessen: Auch Maulwurf und Wühlmaus tragen ganz erheblich zur Lockerung, Durchlüftung, Dränierung und Durchmischung des Bodens bei, indem sie bis zu 1 m tief ihre Gänge graben und den Aushub wie beim Umgraben nach oben schaffen. Nicht zu vergessen auch die fleißigen Ameisen, die ihre Baue meist unterirdisch anlegen und das Abbaumaterial feinkörnig an die Oberfläche schaffen.

Der Boden dient bekanntlich auch mancherlei Insekten als gut geschützte Kinderstube. So leben viele Käferlarven (Engerlinge) im Boden und die grauen Maden der Haarmücken und langbeinigen Erd- oder Kohlschnaken. Sie ernähren sich teilweise von den organischen Abfällen, teilweise aber auch von frischem Pflanzengewebe, besonders von Wurzeln, was sie bei Freunden der Blumen- und Gemüsezucht nicht eben beliebt macht. Gleiches gilt für die Maulwurfsgrille, die fingerdicke Gänge meist dicht unter der Oberfläche gräbt, Wurzeln frisst – und das alles schon von frühester Jugend an, da sie zu den Insekten mit unvollkommener Verwandlung gehört. Sie alle schaden zwar der einen oder anderen Pflanze, graben aber gleichzeitig auf schonende Weise den Boden um.

Da wir uns in diesem Buch mit den Tieren des Gartens mehr unter naturkundlichem Aspekt beschäftigen wollen, lassen wir die dem ambitionierten Gärtner stets auf der Zunge liegende Frage nach Nutzen und Schaden beiseite, obwohl es manchem sicher schwer fällt, bei Namen wie Wühlmaus und Maulwurfsgrille ökologisch neutral zu bleiben.

Ein Wald aus Kräutern und Stauden: die Wiese

Was für größere Tiere der Wald aus Bäumen, das ist für viele Kleinlebewesen der dichte Dschungel aus Gräsern, Kräutern, niedrigen und hohen Stauden. Dieser »Wald« kann immerhin mehr als 1 m hoch werden, im Fall von Röhricht sogar 2–3 m, und er ist oft so dicht, dass selbst größere Tiere und der Mensch sich nur mit Mühe darin fortbewegen können. Vor allem Wiesen

Maulwurfsgrillen fressen Wurzeln und machen sich daher unbeliebt, wo es um bestimmte Zier- oder Nutzpflanzen geht, nicht aber im Naturgarten.

bilden diesen Lebensraum, aber auch Hochstaudenfluren, Seggenriede, Röhrichte kann man dazu rechnen sowie Heiden (obwohl sie aus Zwergsträuchern gebildet werden). Für den Garten interessant sind Rasen, Wiese und Staudenflur.

Die Tierwelt des Stängel- und Blütenwaldes ist so artenreich und voller versteckter Schönheiten, dass man ein Leben lang damit zu tun hätte, all seine fliegenden, krabbelnden, bohrenden, hüpfenden Bewohner und ihre Lebensweisen kennen zu lernen. Wenn wir mit den größten Tieren der Wiesen und Staudenfluren beginnen wollen, so könnten wir zwar den Feldhasen und sogar das Reh erwähnen, auch Wiesel, Fasan und Rebhuhn – aber wir würden doch bald ein Phänomen feststellen, das auch dem Kenner dichter tropischer Wälder bekannt ist: Die Vegetation beider Ökosysteme ist – natürlich in verschiedenen Dimensionen – für größere Tiere einfach zu undurchdringlich. Ebenso wie man in tropischen Wäldern in der Regel vergebens nach großen Weidetieren und ihren Beutegreifern sucht (sie leben in offenen Steppen und Savannen), dient das Dickicht der Wiesen und Staudenfluren Tieren mittlerer Größe allenfalls als Teillebensraum – was auch damit zusammenhängt, dass diese krautige Vegetation in unserem Klima ja nur einen Teil des Jahres als Nahrungsquelle und Versteck zur Verfügung steht.

Frei gemähte Pfade und Sitzplätze in einer blühenden Wiese zeigen, wie man Schützen und Nutzen miteinander verbinden kann.

Bevor wir uns den eigentlichen Wiesenbewohnern zuwenden, müssen wir aber doch noch einen Blick auf die so genannten Wiesenbrüter unter den Vögeln werfen. Auch hier können wir feststellen, dass die größeren Arten wie Brachvogel und Kiebitz, Uferschnepfe, Rotschenkel und Austernfischer (um nur einige zu nennen) eigentlich mehr kurzrasiges Grünland bevorzugen. Nur die Bekassine und die Weihen nisten gerne in dichten und auch höheren grasartigen Strukturen (einschließlich Kornfeldern), auch Wachtel und Wachtelkönig könnte man noch nennen.

Selbst in der nächstkleineren Gruppe wiesenbrütender Vögel findet man noch viele, die entweder einen etwas lückigeren Bewuchs vorziehen, wie Feldlerche und Wiesenpieper, oder aber erhöhte Sitzwarten brauchen, um nicht im Stängelmeer unterzugehen; hierzu gehören etwa Baumpieper, Braun- und Schwarzkehlchen, Gold- und Grauammer.

Beträchtlich ist die Zahl der Vogelarten, die in Wiesen zwar nicht brüten, hier aber einen Großteil ihres Nahrungsbedarfs decken. Das reicht von den typischen Mäusefängern, wie Mäusebussard, Turmfalke und Schleiereule, bis hin zu Bachstelzen, Drosseln, Staren, Dohlen, Krähen, Stockenten und Störchen. Neben Feldmäusen und deren Jungen, auf die etwa Krähen und Störche scharf sind, machen Würmer,

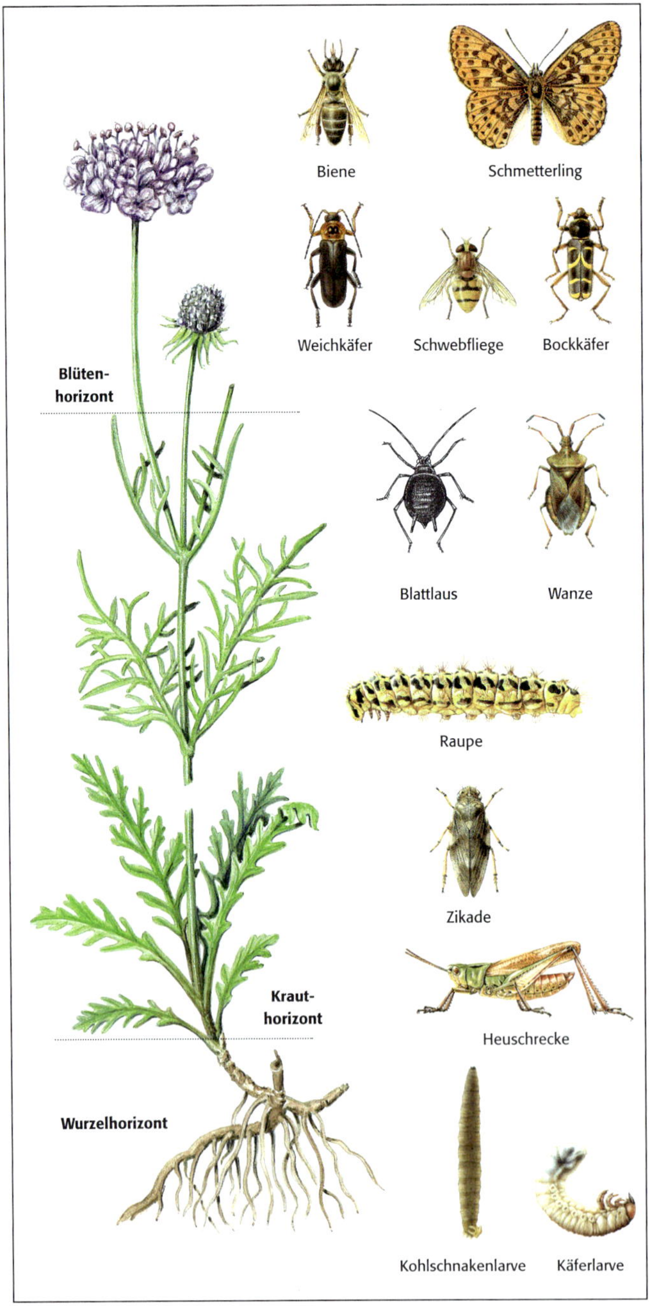

Schnecken, Käfer, Heuschrecken und Grillen die Beute der größeren Arten aus, während Fliegen, Mücken, Ameisen und deren Larven sowie Spinnen den kleineren Vogelarten als Nahrung dienen. Auf den immer früher und immer häufiger gemähten Wiesen verschwinden allerdings viele der etwas größeren Beutetiere, vor allem Heuschrecken. Dafür kommen die kurzrasigen Flächen den kleineren Arten und Bodenstocherern zugute – und den Vogelarten, die sich hauptsächlich oder ausschließlich als Weidetiere betätigen, wie Gänsen und in Gewässernähe Schwänen sowie zeitweise auch Blesshühnern. Nicht vergessen sollten wir in diesem Zusammenhang die Bedeutung der Samen von Stauden und Gräsern als wichtige Herbst- und Winternahrung für viele Vögel, darunter nicht nur für die typischen Körnerfresser wie Stieglitz, Zeisig, Grünling, Buchfink usw., sondern auch für Rotkehlchen, Zaunkönig, Amsel und andere Weichfutterfresser. Darum der dringende Rat, wenigstens am Rand von Wiese und Hecke und am Zaun die Samen tragenden Wildstauden – von der Brennnessel bis zum Ampfer – einschließlich der Samenstände im Staudenbeet den Winter über

Wiesen bestehen wie Wälder aus »Stockwerken«, in denen unterschiedliche Tierarten zu Hause sind.

stehen zu lassen und erst im Frühjahr zu entfernen.
Die eigentlichen Wiesentiere sind aber noch eine Dimension kleiner und gehören vor allem der artenreichen Welt der Insekten und Spinnen an. Von den 1710 Arten, die man in mitteleuropäischen Wiesen gefunden hat, gehören 500 zu den Fliegen, 490 zu den Käfern, 400 zu den Hautflüglern, 220 zu den Wanzen, 60 zu den Schmetterlingen und 40 zu den Spinnen. (Selbstverständlich weichen die Zahlen und Zahlenverhältnisse je nach Standort erheblich von diesen Gesamtwerten ab.)
Wie in jedem ordentlichen Ökosystem kann man auch bei den Tieren der Wiese zwischen Konsumenten erster, zweiter und dritter Ordnung unterscheiden. Konsumenten erster Ordnung sind reine Pflanzenfresser. Dazu gehören in der Wiesenfauna nicht nur die bekannten, Blätter fressenden Raupen, Käfer, Heuschrecken usw., sondern auch die Pflanzensäfte saugenden Blattläuse, Wanzen, Schaumzikaden sowie all jene, meist geflügelten Insekten, die sich an Nektar und Pollen der Blüten laben. Viel weniger auffallend sind die vielen im Inneren von Blättern und Stängeln der Wiesenpflanzen lebenden Insekten und deren Larven, also etwa die minierenden Larven vieler kleiner Fliegen, deren Fraßspuren als verschlungene Ornamente auf Blättern zu sehen sind, oder die in Gallen lebenden Larven von verschiedenen Wespen, Mücken, Käfern oder Milben.
Wenig bekannt ist, dass die Raupen vieler schöner Tagfalter auf Gräser spezialisiert sind, so Schachbrett, Rostbinde, Mohrenfalter, Ochsenauge und Mauerfuchs. Die Bedeutung von Wildstauden für den Falternachwuchs ist schon eher bekannt, vor allem die der Brennnessel für Landkärtchen, Tagpfauenauge, Kleinen Fuchs, Admiral und andere sowie der Distelblätter für die Raupen des Distelfalters und der Distelblüten für fast alle Falter.
Als Konsumenten zweiter Ordnung bezeichnet man Tiere, die sich von Pflanzenfressern ernähren, also so genannte »räuberische« Arten. Zu den »Raubtieren« der Wiese gehören Weichkäfer, Libellen, Wespen, Sichelwanzen, Marienkäfer, Schlupfwespenlarven und Spinnen. Insekten und Spinnen fressende Tiere, etwa Vögel, können als Konsumenten zweiter und dritter Ordnung angesehen werden, da sie keinen Unterschied machen zwischen Pflanzen fressender und selbst Fleisch fressender Beute. Selbstverständlich gehören auch die klassischeren Fleischfresser wie Spitzmaus, Igel und Wiesel zu den »Raubtieren« der Wiese.

Bäume sind Lebensräume

In einer einzigen alten Eiche wurden über 1000 verschiedene von oder mit diesem Baum lebende Tierarten festgestellt! Bäume ganz allgemein, vor allem aber alte

Ein locker geschichteter, über mehrere Jahre unberührt gelassener Altholzstapel bietet vielen Tieren, insbesondere Insekten(larven) und Reptilien Nahrung und Verstecke – ein sinnvoller Beitrag zur Erhöhung der Strukturvielfalt.

Morsche alte Bäume sind selten gewordene Tierlebensräume in unseren vom Menschen bestimmten Landschaften.

Laubbäume, sind Biotope für sich. Sie bieten Tieren nicht nur Nahrung, sondern auch Schutz – sogar ganzjährigen. Auch Sträucher haben ihre eigene Tierwelt, besonders dicht wachsende, dornige und Beeren tragende.

Auch wenn große alte Bäume in den meisten Gärten unseres eng parzellierten Landes kaum eine Chance haben, muss ich ihnen an dieser Stelle ein dem Regenwurm mindestens ebenbürtiges Loblied singen. Zwar steht Mitteleuropa mit einem Waldanteil an der Gesamtfläche von etwa 30 Prozent nicht übel da, doch Wälder im ursprünglichen Sinn sind das ja kaum noch. Es sind Wirtschaftswälder oder Forste zur Gewinnung von Holz, und damit fehlt ihnen das für ein reiches Tierleben wichtigste Element: die alten, mächtigen Baumriesen und Baumruinen, die jeder ein eigener Lebensraum für Moose, Flechten und Pilze, für Hunderte von Insektenarten, für Vögel, Fledermäuse und andere Kleinsäuger sind beziehungsweise waren. Heute findet man solch beeindruckende Giganten allenfalls noch an einigen unzugänglichen Stellen im Gebirge oder in dem einen oder anderen Park. Kein Wunder, dass nahezu alle auf solche Baumgreise spezialisierten Tiere, von Bock-, Hirsch- und Nashornkäfern über viele Specht-, Eulen- und Singvogelarten bis hin zu Baummarder und Fledermäusen, heute eher in den Roten Listen als in der Natur zu finden sind.

Zugegeben: Der Durchschnittsgärtner kann sich eine mehrhundertjährige Linde, Eiche oder Buche nicht leisten. Er sollte aber jede Möglichkeit nutzen, stehendes Totholz zu erhalten. So muss man einen alten Obstbaum nicht unbedingt mit Stumpf und Stiel verbannen, wenn er in die Tage kommt. Man kann ihn gestutzt als bizarre Skulptur noch manche Jahre stehen lassen, womöglich mit Efeu oder anderen Kletterpflanzen begrünt. Je morscher die Ruine wird, desto ungewöhnlicheres Getier werden Sie von Jahr zu Jahr an ihr entdecken. Wenn auch schrundige Borken, Risse und Spalten in mächtigen Stämmen, dürre Äste und faulende Astlöcher durch nichts zu ersetzen sind, so bieten doch auch gartengerechtere Gehölze schöne Möglichkeiten als Tierlebensräume. Besonders bunte Wildstrauchhecken, aber auch Obst- und Ziergehölze stellen unverzichtbare Strukturen im Garten dar, in denen sich Singvögel vor dem Sperber verstecken und nisten können, in denen viele Insekten Unterkunft und Verpflegung finden und zwischen deren Zweigen Spinnen ihre kunstvollen Radnetze aufspannen. Darüber hinaus dienen die Blüten und Früchte (Beeren und Nüsse) Bienen und Hummeln, Vögeln und Eichhörnchen als Nahrung. Und selbstverständlich leben auch an und in den Blättern und Sprossen kleinerer Gehölze unzählige Insekten und deren Nachkommen, darunter nicht wenige unserer schönsten Schmetterlinge.

Am und im Wasser

Die Beliebtheit von Gartenteichen kommt nicht von ungefähr. Als »Biotop« schlechthin verdanken sie ihre Konjunktur zweifellos der Naturgartenbewegung. Doch schon die Benennung als Biotop zeigt – so paradox es klingen mag –, dass nicht immer ökologischer Sachverstand beziehungsweise naturschützerisches Engagement hinter dem Wunsch nach einem Gartenteich steht. Denn Biotop (von »bios«: das Leben und »topos«: der Ort) als Lebensraum ist ja, wie wir sahen, alles: Boden, Rasen, Wiese, Gebüsch, Baum …

Doch Gewässer sind schon besondere Lebensräume. Viele seiner tierischen Bewohner sind leichter zu entdecken und zu beobachten als etwa das kaum weniger artenreiche Leben im Boden, oder auch in der dichten Wiese, oder im Blattwerk der Bäume. Und irgendwie spüren wir beim Anblick der Lebensgemeinschaft von Gewässern die fundamentale Beziehung alles Lebendigen zum Wasser.

Was den großen tierischen Artenreichtum eines halbwegs naturnahen Gewässers ausmacht, hängt nicht zuletzt damit zusammen, dass sich zum Beispiel an einem Tümpel mindestens 3 oder 4 Lebensbereiche begegnen. Neben dem eigentlichen Wasserkörper mit seinen unterschiedlichen Tiefen und seiner Oberfläche gibt es den Gewässerboden, die Ufer mit ihren mineralischen und pflanzlichen Strukturen, und wenn man will, kann man auch noch den Luftraum über dem Gewässer nennen. Jeder dieser Bereiche hat seine eigene Tierwelt, zwischen denen aber mannigfache Beziehungen bestehen.

Darum haben gerade Kleingewässer mit ihren je Wasservolumen besonders ausgedehnten Übergangsbereichen eine so eminente ökologische Bedeutung.

Und gerade mit ihnen gingen und gehen die Menschen in der freien Landschaft in einer Weise um, dass man meinen möchte, es ginge ihnen um die Vernichtung eines Feindes. Land- und Forstwirte (denen 80% unserer Landesfläche »untersteht«) verfolgen gleichermaßen – mit wenigen Ausnahmen – das Ziel, alle Tümpel, ja alle Bodenmulden, in denen sich auch nur vorübergehend Wasser ansammeln könnte, zuzuschütten, um ihre »Nutzflächen« so platt wie möglich zu machen. Und wo es irgend geht, werden auch noch Bäche und Gräben zu unterirdischen Kanälen verrohrt. Was übrig bleibt oder am Boden von Kiesgruben neu geschaffen wird, hat in der Regel auch keine Chance, sich zu einer artenreichen Lebensgemeinschaft zu entwickeln, da auch solche Kleingewässer entweder als Angel- oder Badeteiche genutzt werden.

Naturnahe Gartenteiche können diese Verluste in der Landschaft zwar niemals wettmachen, aber sie sind doch, zumindest im ländlichen Raum, für manche ans Wasser gebundenen Tierarten so etwas wie eine letzte Hoffnung. Wie allgemein bekannt, verbringen fast alle Amphibien oder Lurche zumindest ihre Jugendzeit im Wasser. Unken, Kröten, Frösche und Molche wandern im Frühjahr oft weite Strecken, um ein geeig-

Alles Leben kommt aus dem Wasser. Leider sind viele Gärten zu klein, um so einen vielgestaltigen Teich anlegen zu können.

netes Gewässer zum Ablaichen zu finden. In der Regel zieht es sie auch nach Jahren noch an den Ort ihrer Geburt – auch wenn es den entsprechenden Teich oder Tümpel gar nicht mehr gibt. Nur noch wenige Gewässer entsprechen den Bedingungen, unter denen wenigstens ein Teil der Nachkommen sich vom Ei zur Larve (Kaulquappe) und von dieser zum landlebenden Tier entwickeln kann. Das Wasser darf nicht verunreinigt und es sollte nicht zu tief sein sowie möglichst Wasserpflanzen enthalten, und die Zahl der Laich- und Larvenräuber (Fische, Gelbrandkäfer-, Libellenlarven usw.) sollte sich in Grenzen halten. Da nur noch wenige Gewässer diesen Ansprüchen genügen, sind die meisten heimischen Amphibien (einschließlich der Salamander) selten geworden, in vielen Gegenden sind etliche Arten bereits ausgestorben.
Die kritische Situation der Amphibien ist nur der besonders auffällige Teil einer umfassenden Tragödie. Denn ihr Verschwinden zeigt das Erlöschen einer ganzen Lebensgemeinschaft an. Wer jemals Gelegenheit hatte, die reiche Wunderwelt eines Tümpels – möglichst während eines ganzen Jahres oder, besser noch: über mehrere Jahre – zu studieren, der weiß, was da verloren geht. Es sind nicht nur die eleganten Wasserläufer, die hurtigen Rückenschwimmer, die wie Goldstaub im Sonnenlicht tanzenden Schwärme der Wasserflöhe, die bizarren Libellen in allen Farben – also die eigentlichen Bewohner der Kleingewässer, die verschwinden. Mit ihnen verschwinden all jene Tiere, die vom Reichtum dieses Miniaturkosmos leben. Zwergtaucher, Teich- und Sumpfhühner, Störche und Reiher – ihnen und vielen weiteren Vögeln und anderen Tieren wird mit jedem vernichteten Tümpel die gesamte oder doch ein wichtiger Teil ihrer Nahrungsgrundlage entzogen.
Wenn es schon nicht möglich zu sein scheint, die Verwalter unserer Landschaften – Bauern und Forstleute – zu verpflichten, wenigstens auf einem Bruchteil der von ihnen genutzten Flächen artenreiche Kleinlebensräume zu erhalten oder wieder zu schaffen, sollte es zumindest allen Besitzern eines größeren Gartens ein Anliegen sein, einen Beitrag zum Artenreichtum unserer Heimat zu leisten. Den Lohn dafür können sie unmittelbar in Gestalt eines zu allen Tages- und Jahreszeiten erlebnisreichen Gartens ernten.

Wärme speichernde Steine

Wir wollen diesen kurzen Überblick über die verschiedenen Tierlebensräume im Garten nicht abschließen, ohne einen Blick auf ein zunächst recht tot erscheinendes Habitat zu werfen. Steine spielen in den mediterranen Landschaften eine viel größere Rolle als im grünen Mitteleuropa. Steinig sind im sonnigen Süden nicht nur viele der spärlich bewachsenen, aber würzig duftenden Hügel und Hänge, steinig sind auch die großen aus den Bergen kommenden Flussbetten mit ihren ausgedehnten Geröll-, Kies- und Sandinseln und -ufern. Vor allem aber begegnen einem in Dalmatien, Griechenland, Italien, Spanien überall die alten, aus groben Feldsteinen aufgeschichteten Mauern, die Felder und Viehweiden abgrenzen und in jedem Dorf sich zwischen den Häusern hinziehen. All diese Steinlebensräume beherbergen ihre eigene Fauna, meist Wärme liebende Insekten, Vögel und vor allem Reptilien.
Hierzulande sind solche Strukturen viel seltener. Natürliche Block- und Geröllhalden findet man nur im höheren Gebirge, die begradigten und gestauten Flüsse weisen auch im Alpenvorland kaum noch Kies- und Schotterflächen auf, Natursteinmauern werden selbst dort selten, wo sie einst das Landschaftsbild bestimmten, in den Weinbaugebieten. Auch hier können Gärten einen wichtigen Beitrag leisten, diesen interessanten Lebensraum wieder landläufiger zu machen. Aus groben Bruchsteinen ohne Mörtel handwerklich kunstvoll aufgeschichtete Mauern, so genannte Trockenmauern, sind für jeden Garten schon von der bloßen Ansicht eine Zierde. Sei es

als frei stehende Mauer, als Garten- oder Terrasseneinfassung, sei es als Stützmauer zur Terrassierung eines Hangs oder einer Böschung. Notfalls tut es aber auch ein ordentlicher Steinhaufen in sonniger Lage. Die vielen Spalten und Höhlungen solcher Mauern (oder Haufen) bieten vielen interessanten Pflanzen und Tieren Wohn- und Lebensmöglichkeiten, Arten, die unter normalen Bedingungen schlicht fehlen würden.

Die beiden erwähnten klassischen Trockenmauern – frei stehend und am Hang – unterscheiden sich nicht nur in ihrer technischen Funktion, sondern auch in ihren Biotopeigenschaften. Da die Stützmauer auf einer Seite ständig mit dem Erdreich verbunden ist, ist ihr Kleinklima ausgeglichener und feuchter. Sie eignet sich besonders für die Ansiedlung von Mauerpflanzen, die ihre Wurzeln durch die Mauer in den Hang strecken, und als Versteck für Erdkröte, Molch und Grasfrosch. Die frei stehende Trockenmauer hat ein viel extremeres, trocken-warmes »Klima«, in dem sich besonders verschiedene Insekten sowie Eidechsen, Blindschleichen und die Ringelnatter wohl fühlen.

Neben den großen und kleinen Verstecken ist die Wärmespeicherung ein Charakteristikum der Natursteinmauern. Davon profitieren im Grunde alle wechselwarmen Tiere – und das sind alle außer den Vögeln und Säugetieren. Die

Natursteinmauern ohne Mörtel sind schön und bieten vielen Pflanzen und Tieren eine Heimat; man sollte ihre Kosten nicht scheuen.

klassischen Mauertiere aber sind die Reptilien: Eidechsen und Schlangen. Artenreich sind sie in den mediterranen Landschaften vertreten, bei uns, mangels Wärme und Steinen, nur in geringer Zahl. Einige werden in den Artbeschreibungen ausführlicher vorgestellt.

Weniger bekannt ist, dass auch Erdkröten und Molche gerne im gleichmäßig klimatisierten Schutz der Hohlräume zwischen Steinen den Tag verbringen, allerdings eher in den unteren, feuchteren Stockwerken. Hier halten sie sogar teilweise ihre Winterruhe. In den oberen Etagen siedeln sich gerne solitäre (nicht Staaten bildende) Bienen an, Mauerbienen, die für ihre Brut kunstvolle und mit Nahrung gut ausgestattete kleine Gehäuse bauen (siehe Artbeschreibung). Und schließlich sei noch erwähnt, dass auch Meisen, Rotkehlchen, Hausrotschwanz und andere Höhlen- und Halbhöhlenbrüter unter den Vögeln in geeigneten Natursteinmauern brüten.

TIERE IM GARTEN SCHÜTZEN, ANLOCKEN, FÖRDERN

Ich habe nicht von ungefähr der Beschreibung der verschiedenen Lebensbereiche des Gartens breiten Raum gegeben. Denn anziehend für wild lebende Tiere wird er vor allem durch seine natürlichen Strukturen, durch eine kräuterreiche Blumenwiese, durch seine Bäume und Sträucher, durch einen Gartenteich, durch eine Naturstein-Trockenmauer. Hinzu kommen Einrichtungen und Konstruktionen, die eigentlich nur dem Menschen dienen sollen, aber ebenfalls von manchen Tieren gerne mit benützt werden. Vor allem wenig genutzte Nebengebäude wie Schuppen oder Gebäudeteile wie Dachböden werden gerne von Siebenschläfern, Igeln, Fledermäusen und auch von allerlei Insekten als trockener Unterschlupf genutzt. Auch manche Vögel nisten bevorzugt an und in wettergeschützten Gebäuden: Hausrotschwanz, Bachstelze, Grauschnäpper und Amsel auf Dachbalken, Balkongeländern und Mauersimsen, Haussperling und Mauersegler unter Dachziegeln, Mehlschwalben an Außenmauern, Rauchschwalben im Inneren von Gebäuden.

Ein igelfreundlicher Garten kann durch so einen Unterschlupf noch attraktiver werden.

All das sind gewissermaßen freie Angebote, Möglichkeiten, unserer auf menschliche Bedürfnisse zugeschnittenen Umwelt, unter denen sich auch einige jener Mitbewohner dieser Erde wohl fühlen, die unser Leben reicher machen (und in ihrer Gesamtheit erst ermöglichen). Darüber hinaus können wir bevorzugten Arten spezielle Angebote machen, können Vögel und Igel mit Futter anlocken, können Verstecke und Nistmöglichkeiten schaffen. Dabei sollten wir aber immer bedenken, dass wir selten alle Bedürfnisse eines geschlossenen Lebenszyklus abdecken können und insofern immer auch Nutznießer allgemeiner Lebensverhältnisse sind, und dass unser Ziel sein sollte, diese allgemeinen Lebensverhältnisse zu verbessern.

Wie man Igel anlocken kann

Das beste Zeichen für einen igelfreundlichen Garten ist, wenn eines Abends einer der Stachelträger von selbst anmarschiert kommt, unter den Büschen herumschnaubt oder über die Terrasse trippelt. Wir können aber auch besondere Mittel einsetzen, um Igel gezielt anzulocken, zum Bleiben oder Wiederkommen zu ermuntern.

Weit verbreitet ist die Meinung, ein Schälchen Milch, abends auf die Terrasse gestellt, sei das beste Mittel, um Igel anzulocken und mit der Zeit zutraulich zu machen. Diese Ansicht beruht zwar auf Erfahrung, ist aber dennoch falsch. Denn: Igel mögen zwar Milch, aber sie bekommt ihnen schlecht. Das ist eine Erfahrung, die man an »Hausigeln« gemacht hat. Sie bekommen Durchfall. Wenn Sie Igel anfüttern wollen, dann bitte nur mit Futter, das sie gut vertragen. Frisches, fettarmes Hackfleisch, lebende Mehlwürmer, Katzen- oder Hundefutter, trocken oder aus der Büchse – das entspricht in etwa ihrer natürlichen Nahrung. Und geringe Mengen genügen vollkommen. Wir wollen ja keine Igel mästen. Und da Igel eher zum Einzelgängertum neigen, werden wir auch keine Igelversammlungen durch voll gehäufte Futterschüsseln erreichen. Nur wenn ein Weibchen mit seinen halbwüchsigen Jungen uns die Ehre gibt, können wir etwas mehr Futter anbieten.
Ein flaches Gefäß mit stets frischem Wasser sollte ohnehin in jedem Garten von Naturfreunden nicht fehlen. Davon profitieren nicht nur Igel, sondern auch Vögel, die es nicht nur als Tränke, sondern gern und vor allem auch als Badewanne benutzen. Größere Blumentopf-Untersätze mit

Ein Laub- und Reisighaufen bietet nicht nur Igeln idealen Unterschlupf.

niedrigem Rand erfüllen durchaus den Zweck.
Eine dritte Möglichkeit, einen Garten für herumstreifende Igel attraktiv zu machen, sind Verstecke, Unterschlüpfe. Ältere oder ländlichere Gärten bieten meist genug Gelegenheiten, an denen der Igel ein trockenes Plätzchen findet, sei es, um hier an regnerischen Tagen ein Dach überm Kopf zu haben, sei es, um sich ein immer wieder aufgesuchtes Schlafnest zu bauen, sei es, um warm und weich gepolstert hier die Jungen zur Welt zu bringen und aufzuziehen. Im Herbst suchen Igel besonders geschützte Stellen für das Nest, in dem sie ihren Winterschlaf halten.

Anziehend sind für Igel niedrige Zwischenräume zwischen Erde und irgendeinem »Dach«, also etwa unter Gartenhäuschen, Lauben, Schuppen und Bienenhäusern, unter Treppen und Veranden. Auch unter Holzstößen finden sie oft einen trockenen Platz. In freier Natur, wo es derlei Verstecke nicht gibt, kriechen sie in hohle oder unter umgefallene Baumstämme, unter Reisighaufen, auch unter Steine, um ihr Nest aus altem Laub und trockenem Gras zu bauen.
In kleineren, intensiver genutzten Gärten, wo solche Unterschlüpfe meist fehlen, kann man für ein möglichst ruhiges Plätzchen im Garten eine einfache Wohnung für den Igel basteln. Die kann im einfachsten Fall aus einer großen, sehr flachen, nur an 4 Seiten geschlossenen Holzkiste bestehen: ein Dach mit 3 niedrigen Wänden. Das Dach sollte etwa 40–50 cm im Quadrat messen, die Seitenwände sollten nicht höher als 10–15 cm sein. Wer will, kann auch noch die vierte Seite bis auf einen etwa 10 × 10 cm großen Einschlupf schließen. Etwas trockenes Laub und Gras im Innern (oder zum Selbereintragen in der Umgebung) erhöht die Attraktivität. Das Ganze lässt sich natürlich auch mit einem Brett auf seitlichen Ziegelsteinen verwirklichen. Architektonische Perfektion ist bei Wildtieren eher unbeliebt. Ein etwas erhöhter Boden aus Holz oder Stein ist nur nötig, wo die Gefahr besteht, dass Regenwasser seitlich zuläuft.
Abschließend sei zum Thema Igel im Garten noch auf eine (manchmal übersehene) Banalität hingewiesen: Wenn Ihr Garten durch hohe Betonsockel oder bis auf den Boden reichende dichte Zäune zur Umgebung hermetisch abgeriegelt ist, nützen selbstverständlich weder Futter- noch Versteckangebote!

Schutz den Fledermäusen

In Mitteleuropa kommen etwa 22 Fledermausarten vor. Inzwischen wohl allgemein bekannt ist die Tatsache, dass alle unsere Fle-

dermausarten in ihrem Bestand bedroht sind, viele Arten in höchstem Maße. Auch wer gefühlsmäßig nicht viel für die kleinen Batmans übrig hat, sollte sich im Klaren sein: Wer heute eine Fledermaus oder gar eine ganze Kolonie von Fledermäusen unter seinem Dach beherbergt, der trägt vielleicht noch mehr Verantwortung als ein Bauer, der eine Orchideenwiese besitzt.
Da das Bestimmen von Fledermäusen schwierig ist und Kenntnisse über ihre Lebensgewohnheiten wenig verbreitet sind, sollte man grundsätzlich die Naturschutzbehörde oder einen Naturschutzverein benachrichtigen, wenn die Gefahr besteht, dass ein Schlafplatz vernichtet oder auch nur gestört werden könnte. Oft ist – falls sich die Störung nicht vermeiden lässt – eine Umquartierung möglich.
Fledermäuse ernähren sich fast ausschließlich von nächtlich fliegenden Insekten, vor allem von Nachtfaltern. Da viele Motten und Nachtfalter zumindest im Forst, aber auch im Obstbau als Schädlinge auftreten, muss man ihre nächtlichen Jäger als wichtige Regulatoren ansehen. Wenn der Mensch durch Einsatz von Insektiziden selbst versucht, die Regulation zu übernehmen, trägt er zur Vernichtung der natürlichen Regulatoren (u. a. der Fledermäuse) und bewährter Gleichgewichte bei. Fledermäuse brauchen abwechslungsreiche Jagdreviere. Waldränder, stehende und fließende Gewässer, Wiesen, Gehöfte, Parks werden systematisch nach Beute abgesucht. Leider steht es sowohl mit den kleinräumigen Landschaftsstrukturen als auch mit den Beuteinsekten der Fledermäuse nicht gut, sodass auch hier die schönsten Kästen nichts nützen, wenn der Lebensraum nicht stimmt.
Im Sommer versammeln sich die Weibchen vieler Arten ohne Männchen an trocken-warmen Orten (z. B. in hohlen Bäumen, in Dachböden, hinter Fensterläden oder Wandverschalungen) zu so genannten »Wochenstuben«: Hier bekommen sie im Juni ihre zunächst ganz hilflosen Jungen, die sich am Bauch der Mutter anklammern, aber nur anfangs auf die Beuteflüge mitgenommen werden. Später werden sie während der Jagd im Schutz und in der Wärme der Kolonie zurückgelassen. Störungen während dieser Zeit können noch schlimmere Folgen haben als solche im Winterquartier. Fledermäuse sind nicht nur sehr störanfällig, sondern auch sehr konservativ. Wochenstuben und Winterquartiere werden über Jahrzehnte, ja wohl sogar über Jahrhunderte benutzt. Zu solchen Traditionen kann es auch deswegen kommen, weil Fledermäuse bis 20 Jahre alt werden können.
Die Wochenstuben lösen sich ab Mitte August auf, und es begin-

Fledermäuse im Dachstuhl – das ist für den Naturfreund wie ein Gewinn im Lotto; hier eine kleine Kolonie vom Großen Mausohr.

nen die Wanderungen zu den Winterquartieren, die manchmal Hunderte von Kilometern von den Sommerquartieren entfernt liegen. Wie Zugvögel und Wanderschmetterlinge überqueren auch zahlreiche Fledermäuse zweimal im Jahr die Alpen. Den Winter verbringen die meisten Arten in frostfreien Höhlen oder Stollen mit hoher Luftfeuchtigkeit. Hier hängen Männchen, Weibchen und Junge des Jahres gemeinsam und oft dicht gedrängt an der Decke und verschlafen in einer Energie sparenden Körperstarre die schlechte Jahreszeit. Störungen können auch hier verheerende Auswirkungen haben. Nur wenige unserer Fledermäuse verbringen den Winter allein oder zu kleinen Gruppen in Baumhöhlen und ähnlichen Unterschlüpfen.

Wie können wir diesen interessanten und immer seltener werdenden Tieren im Garten helfen? Zunächst auch wieder durch mehr Natur insgesamt – womit besonders die Nahrungsgrundlage für ihre Existenz verbessert werden kann. Eine der wichtigsten Hilfsmaßnahmen darüber hinaus ist die Erhaltung bestehender Wochenstuben, Einzel- und Winterquartiere. Gerade wegen der festen Bindung an gewohnte Quartiere kann deren Zerstörung zur Vernichtung einer ganzen Kolonie führen. Hausreparaturen sollten da, wo Fledermäuse im Sommer gefunden werden, unbedingt auf den Winter verschoben werden (und umgekehrt) – wobei auch später dauerhafte Veränderungen vermieden werden sollten.

Fledermäuse lieben Wärme und keinen Luftzug. An geschützten Hauswänden kann man ihnen solche Kästen anbieten (Höhe etwa 33 cm, Breite etwa 20 cm). Sie fliegen von unten ein und hängen sich an der Leiste der Rückwand auf.

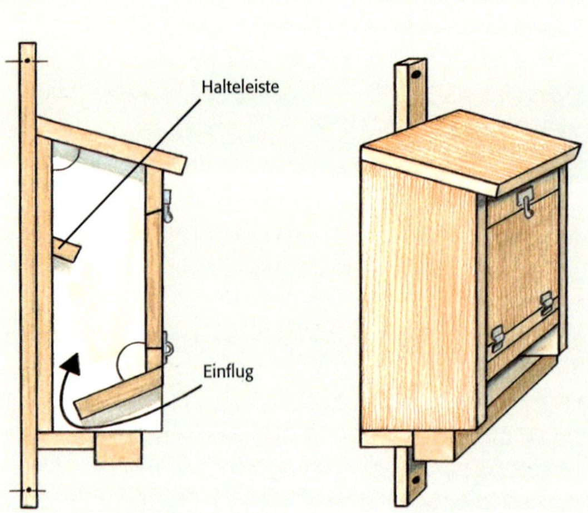

Schließlich kann man zur Verbesserung des Wohnungsangebotes dafür sorgen, dass warme, zugfreie Dachböden sowie Wandverschalungen durch kleine Schlitze (3 × 5 cm) für Fledermäuse zugänglich werden. Auch Kellerräume, die sich als Winterquartier eignen, sollten zugänglich gehalten werden. Wo es keine solchen Möglichkeiten gibt, kann man auch Fledermauskästen oder Fledermausbretter aufhängen (siehe Abbildung unten) – die freilich für größere Kolonien ungeeignet sind. Bei Renovierungen oder Bauvorhaben gibt es auch die Möglichkeit, an geeigneten Stellen Fledermaus-Einbausteine mit einzubauen. Erkundigen Sie sich am besten bei Ihrer örtlichen Naturschutzgruppe.

Andere Säugetiere im Garten

Igel und Fledermaus sind die Vorzeigearten vieler Naturgartenliebhaber. Darüber werden oft die anderen Kleinsäuger ein wenig vernachlässigt, zum Beispiel Maulwurf und Spitzmäuse. Aus Platzgründen kann hier nur erwähnt werden, dass 4 unserer 6 Spitzmausarten auf der Roten Liste stehen. Wir sollten ihnen, ebenso wie dem Engerlinge fressenden Maulwurf, im Garten jeden Schutz zukommen lassen. Zu erwähnen sind aber auch die wirklichen Mäuse. Neben der Feldmaus gibt es noch die als

Ganz besonders niedlich sind die kleinen Haselmäuse mit den großen Augen und dem buschigen Schwanz. Sie sind Verwandte des Siebenschläfers, also Bilche und keine Mäuse.

Wühlmaus ebenso unbeliebte größere Schermaus. Beide gehören zu den meist im Boden lebenden Kurzschwanzmäusen. Als Vertreter der Echten oder Langschwanzmäuse kommt nicht nur die Hausmaus vor (die sommers auch im Freien lebt). Je nach Lage des Gartens, können aus der Umgebung auch Brandmaus, Gelbhalsmaus oder Waldmaus zu beobachten sein, die den Winter gern in Gebäuden verbringen.

Zu den Nagetieren gehören auch die Eichhörnchen – und die Bilche, die eine Art Zwischenstellung zwischen Mäusen und Hörnchen einnehmen – auch in der Gunst der Menschen. Recht gut bekannt ist als häufigster Bilch der Siebenschläfer. Da er gerne Nester ausraubt (wie das Eichhörnchen auch), Obst frisst und auf Dachböden poltert, wird er meist nicht sehr geschätzt, obwohl er ein possierliches Kerlchen ist. Kleiner und im Gesicht hübscher gezeichnet ist der gleichfalls in ganz Mitteleuropa verbreitete, aber meist viel seltenere Gartenschläfer, während der noch kleinere Baumschläfer eine südöstliche Art ist, die nur bis nach Südbayern vorstößt. Alle 3 Arten sind überwiegend nächtlich aktiv, sodass man sie allenfalls beim Reinigen eines Nistkastens entdeckt, worin sie gern ihr Nest bauen.

Im Gegensatz dazu tummelt sich die kleine Haselmaus auch tagsüber gern im Gezweig und ergötzt mit ihren schwarzen Knopfaugen und ihrer molligen Gestalt jeden, der sie beobachtet.

Vögel

Ganz abgesehen von ihrer Nützlichkeit als Verzehrer von Raupen und Blattläusen stehen Vögel dem Menschen durch ihren Gesang, durch ihr buntes Gefieder und durch ihr lebhaftes Wesen besonders nahe. Nicht nur die viel besungene Nachtigall rührt das Gemüt, auch die ganz gewöhnlichen Amseln, Drosseln, Finken und Stare erfreuen sich allgemeiner Beliebtheit, selbst wenn sie dann und wann durch Diebereien im Nutzgarten unangenehm auffallen.

Ökologisch betrachtet gehören Vögel zu den Endgliedern der Nahrungskette und sind deshalb wertvolle Bioindikatoren, das heißt ihre Gegenwart oder Abwesenheit sagt viel über die Beschaffenheit des Lebensraumes aus. Nun wird vielleicht mancher fragen, der das erste Kapitel aufmerksam gelesen hat, wie man denn Körnerfresser wie Stieglitz und Buchfink als Endglieder der Nahrungskette bezeichnen könne. Während der Brutzeit werden

Der stets agile Kleiber bezieht gerne große Wohnungen, und wenn der Einschlupf ihm zu groß erscheint, mörtelt er ihn einfach aufs passende Format zu.

aber alle Vögel, auch solche, die den übrigen Teil des Jahres vegetarisch leben, im Wesentlichen zu Fleischfressern; nicht nur die heranwachsenden Jungen, sondern offenbar auch die Eier produzierenden Weibchen und Futter schleppenden Männchen brauchen diese energie- und eiweißreiche Nahrung. Darum ist es so wichtig, dass man den geschätzten Sängern nicht nur Nistkästen im Sommer und Körner im Winter anbietet, sondern den Garten insgesamt als Lebensgemeinschaft versteht, in der kein Falter ohne Raupe, kein Vogel ohne Wurm auf Dauer existieren kann.

Nun kann der Lebensraum eines Vogels aus mehreren, voneinander getrennten Räumen bestehen, die er dank seiner Flugfähigkeit relativ leicht und schnell wechseln und erreichen kann. Für Zugvögel gehört auch das (oft Hunderte von Kilometern vom Brutgebiet entfernte) Winterquartier zu ihrem Lebensraum. Aber auch der heimatliche Lebensraum muss nicht aus einem geschlossenen Territorium bestehen. Vielmehr können die Nahrungsgründe ziemlich weit weg vom Neststandort liegen – man denke nur an Tauben oder auch an Stare. So etwas können sich aber nur gute Flieger bei reichlichen Nahrungsquellen leisten. Die meisten Singvögel müssen das Insektenfutter für die Brut und sich selbst so mühsam zusammensuchen, dass es energetisch nicht mehr lohnend wäre, zwischen Nest und Nahrungsquelle auch noch große Strecken zurücklegen zu müssen. Kurzum: Gerade die kleineren Singvögel brauchen genügend große und genügend nahrungsreiche Reviere in unmittelbarer Umgebung des Nistplatzes. Und der Gesang der Männchen dient unter anderem dazu, Rivalen und Nahrungskonkurrenten (auf friedliche Art) aus diesem Brut- und Nahrungsrevier fern zu halten.

Wenn wir singende Vögel nicht nur als Zaungäste in unseren Garten locken, sondern heimisch machen wollen, müssen wir ihnen also ein reiches Kleintierleben sowie – je nach Art – vielfältige Wildbeeren und Samen als Nahrungsgrundlage bieten. Darüber hinaus müssen wir aber auch für geeignete Verstecke sorgen, wo sie vor Feinden sicher sind, wo sie ungestört ruhen und nisten können. Das ist bei Höhlenbrütern wesentlich leichter als bei Freibrütern – ein Grund dafür, dass Nistkästen und ihre Bewohner in kaum einem Garten fehlen, während von den Freibrütern – zu denen einige unserer besten Sänger gehören – nur Amsel und Grünfink als regelmäßige Gartenbrüter bezeichnet werden können.

Grundsätzlich besteht durchaus die Möglichkeit, auch für Freibrüter Nisthilfen zu schaffen: an Baumstämme gebundene Reisigbüschel, zu Quirlen geschnittene Astgabeln, zusammengebundene Zweige, Reisighaufen oder auch für Katzen und Marder unbezwingbare Knäuel aus Maschendraht ... Am besten sind jedoch Dickichte aus Dornsträuchern (z. B. Weißdorn), stacheligen Rankern (Rosen, Brombeeren) und abwehrenden Stauden (Brennnesseln, Disteln). Denn auch in Gärten, in denen sich keine Katzen herumtreiben, bauen die Vögel ihre Nester instinktmäßig nur da, wo sie ihnen einigermaßen sicher scheinen. Übrigens: Auch ältere Hausbegrünungen bieten hoch an der Wand recht sichere Brutplätze für etliche Vogelarten, so für Amsel, Grünling, Fliegenschnäpper und Girlitz.

Viel einfacher ist es, den Höhlenbrütern sichere Nistplätze zu schaffen. Sehr bewährt haben sich die dauerhaften Holzbetonkästen mit abnehmbarer Vorderwand. Es gibt sie in allen Größen und Ausführungen. Lang ausgezogene Einschlupfröhren haben sich als gutes Mittel gegen »Langfinger« jeder Art (Marder, Katzen, Krähen) erwiesen. Man hängt die Kästen an einem starken Drahtbügel über einen Ast oder – besonders sicher – an eine Hauswand. Dabei ist darauf zu achten, dass die Kästen nicht stundenlang der prallen Sonne ausgesetzt sind und dass ihre Öffnung möglichst nicht genau in die Hauptwind- und -wetterrichtung zeigt. Das ist besonders bei Halbhöhlen (für Gartenrotschwanz, Bachstelze, Fliegenschnäpper usw.) wichtig, die möglichst unter einem Dachvorsprung an die Hauswand gehängt werden sollten.

Allzu große Bedeutung wird den genauen Maßen der Nistkästen und ihrer Einflugöffnungen beigemessen. In der Natur sind die Höhlen und ihre Öffnungen auch nicht genormt – wenn man einmal von den maßgeschneiderten Spechthöhlen und Kleiber-Schlupflöchern absieht. Allerdings kann man mit den Abmessungen eine gewisse Auswahl treffen: Fluglöcher, die enger als 35 mm sind, lassen Stare nicht mehr durch. Im Übrigen dürften 26 mm Lochweite und 12 cm Höhlendurchmesser etwa die Untergrenze auch für die kleinsten Höhlenbrüter sein. Man neigt heute allgemein zu etwas größeren Höhlendurchmessern, weil damit das Spektrum der Bewohner größer und die Gefahr des erfolgreichen Hineinlangens (das Nest wird instinktiv in der vom Einschlupf entferntesten Ecke angelegt) sowie der Überhitzung geringer wird.

Größere Naturgärten oder solche in der Nähe zur freien Landschaft eignen sich möglicherweise auch als Brutplatz für höhlenbrütende Vogelarten mit großen Nahrungsrevieren, also etwa für Hohltaube, Dohle und Waldkauz. Sie brauchen besonders große Kästen mit Fluglochweiten um 110–120 mm. Für den selten gewordenen Steinkauz werden 80–90 cm lange und 18 cm weite Röhren mit einem 65-mm-Flugloch verwendet. Schleiereulen beziehen gerne große Kästen mit den Maßen von ungefähr 100 × 50 × 50 cm und einem seitlichen Einstieg von 15 × 20 cm. An hohen Gebäuden mit Abflugmöglichkeit zum freien Feld kann man schließlich sogar dem Turmfalken eine große Halbhöhle mit den Innenmaßen von mindestens 30 × 30 × 30 cm anbieten.

Spezialhöhlen gibt es für Baumläufer (mit seitlichem Einschlupf), für Kleiber (großer Innenraum), für Mauersegler (35 × 15 × 15 cm), für Wasseramsel (40 × 20 × 20 cm). Außerdem bietet der Handel sogar Brutröhren für Uferschwalbe und Eisvo-

Nistkästen für die Höhlenbrüter unter den Vögeln kann man leicht selber bauen.

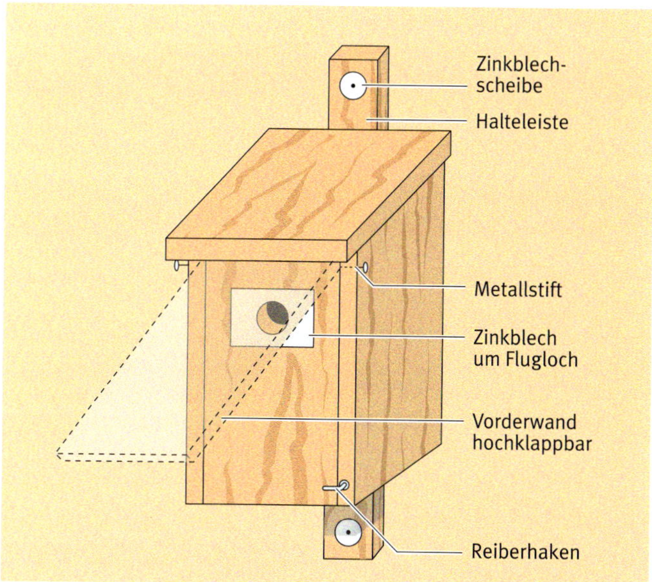

gel sowie Kunstnester für Rauch- und Mehlschwalbe an. Die Schwalbennester aus Beton werden zwar gern angenommen, möglicherweise leiden die Jungen darin aber in besonderem Maße unter Parasiten; es kann vermutet werden, dass der trocknende Lehm natürlicher Schwalbennester als eine Art Parasitenpulver dient. Wer sich besonders für Vögel interessiert, dem möchte ich den Titel »Vogelparadies Garten« empfehlen, in dem ich wesentlich ausführlicher auf all diese Themen eingehe.

Nicht nur Akrobaten wie Kohl- und Blaumeise, auch ein Feldsperling bringt sich in den Genuss von Talg und Körnern am aufgehängten Meisenknödel.

Winterfütterung

Über das Füttern von Vögeln im Garten ist in letzter Zeit viel geschrieben worden. Das Für und Wider hat allgemein eher zu einer Verunsicherung als zur Klärung beigetragen. Das Problem liegt darin, dass man die Frage, ob, wann, was und wie viel gefüttert werden soll oder darf, unter zwei ganz verschiedenen Gesichtswinkeln betrachten kann: unter einem biologisch-ökologischen und unter einem eher pädagogischen. Biologisch-ökologisch gesehen darf man das Füttern von Wildvögeln wohl kurz und knapp als unnötig, aber vergleichsweise unschädlich bezeichnen. Unnötig ist es – zumindest in der allgemein praktizierten Weise am Futterhäuschen –, weil unsere Vogelarten wie alle Wildtiere an den Winter angepasst sind. Finden sie nicht genug Futter, so weichen sie entweder in nahrhaftere (z. B. weniger schneereiche) Gebiete aus oder sie gehen ein. Dieser harte Zwang ist nötig, um die Art insgesamt überlebensfähig zu halten. Richtig ist auch, dass die ans Futterhaus kommenden Vogelarten nicht die bedrohten Arten sind;

Natürliche Samenträger wie die einjährige Sonnenblume und viele Stauden sind eine Bereicherung für jeden Naturgarten.

und sie sind nicht etwa häufig, weil sie gefüttert werden, sondern weil sie zu den wenig spezialisierten, anpassungsfähigen Arten gehören, die sich ganz allgemein mit den vom Menschen veränderten Lebensbedingungen arrangieren können. Richtig ist auch, dass jede Investition in die Schaffung und in den Schutz von natürlichen Lebensräumen (z. B. in Form eines strukturreichen Naturgartens) hundertmal sinnvoller ist als die ideenreichste Fütterung. Auf der anderen Seite steht die große Freude, die es gerade auch Kindern bereitet, am winterlichen Futterhaus wenigstens einige unserer Vogelarten aus der Nähe kennen zu lernen. Diese Möglichkeit des Kontaktes zu wild lebenden Tieren ist in ihren langfristigen Folgen für den allgemeinen Natur- und Vogelschutz sicher höher zu bewerten als alle biologischen Fragezeichen.
Kurzum: Gegen die Winterfütterung mit Samen ist kaum etwas zu sagen. Vielleicht sollte man sie noch mehr ergänzen mit Trockenfrüchten und Fett für Weichfutterfresser wie Drosseln, Rotkehlchen und Zaunkönig. Auch wenn kein Schnee liegt, kann auf diese Weise gefüttert werden, wobei Regelmäßigkeit den Erfolg erhöht. Spätestens im März sollte man das Füttern einstellen, damit die Brutreviere nicht auf der Basis des künstlichen Futterangebots »berechnet« werden – denn zur Jungenaufzucht sind Sonnenblumenkerne und Haferflocken nicht geeignet.

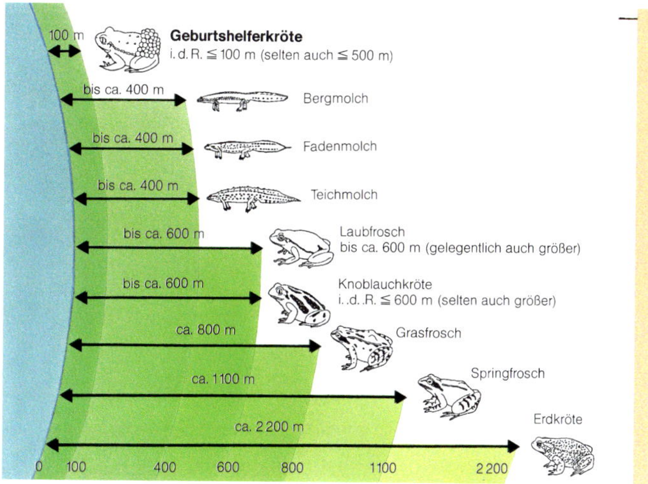

Verschieden weite Wege legen Amphibien zwischen Winterquartier (oder Sommereinstand) und Laichgewässer zurück.

Schutzmaßnahmen für Amphibien und Reptilien

Die Artenzahl der Frösche, Kröten, Molche, Eidechsen und Schlangen in Mitteleuropa ist ohnehin nicht überwältigend – und inzwischen stehen die meisten von ihnen in den Roten Listen der bedrohten Arten. Den Wasser liebenden Amphibien hat man die übers Land verstreuten kleinen Weiher, Altwasser und Pfützen genommen, den Reptilien die sonnig-warmen Natursteinmauern und Lesesteinwälle, die Feldraine und Hecken, und beide Gruppen leiden unter dem Mangel an Insekten als Folge der Verödung und Vergiftung der Wiesen, Felder und Wälder.

Die Frage, ob wenigstens einigen von ihnen mit Naturgärten zu helfen ist, lässt sich nur dann mit einem zaghaften Ja beantworten, wenn man davon ausgeht, dass bald ein ganzes Netz von Naturgärten mit geeigneten Lebensräumen das Land überziehen wird. Sehr groß ist freilich auch dann die Hoffnung nicht, wenn man allein an das immer dichter werdende Todesnetz von Autostraßen denkt, das gerade auch die Gärten umschlingt und voneinander trennt. Immerhin sollten wir nichts unversucht lassen.
Das Märchen vom verwunschenen Prinzen, der seine Froschgestalt durch die Zuneigung einer Prinzessin loswird, ist auch ein Lehrstück dafür, wie wir unsere Vorurteile, unsere unreflektierten Abneigungen überwinden kön-

Die Larven fast aller Amphibien leben im Wasser. Die verschiedenen Kaulquappenarten auseinander zu halten ist nicht so einfach; hier die kleinen schwarzen der Erdkröte.

nen. Die kalten, glitschigen Salamander, Molche, Unken, Kröten und Frösche sind gefühlsmäßig nicht jedermanns Sache. Wer sich aber etwas intensiver mit ihnen beschäftigt, wird zumindest manch Interessantes entdecken – und vielleicht auch ein wenig Zuneigung entwickeln können.

Für ihre Jugendentwicklung sind bis auf den lebendgebärenden Alpensalamander alle 19 in Mitteleuropa heimischen Lurche an stehende Kleingewässer gebunden. Und das ist auch ihr Dilemma: Wenn 11 der 19 Arten in ihrem Bestand bedroht sind, so liegt das vor allem am Verlust ihrer Laichgewässer. Trotzdem lässt sich mit Gartenteichen nur wenigen helfen, da etliche Arten doch sehr spezielle Lebensraumansprüche stellen, die ihnen auch der vielseitigste Naturgarten kaum bieten kann.

Am ehesten kann man mit solchen Arten als Besucher und Bewohner eines Gartenteichs rechnen, die weit verbreitet und ökologisch nicht hochspezialisiert sind, vor allem also mit den noch häufigeren Lurchen wie Grasfrosch und Erdkröte, in zweiter Linie auch mit Teich- oder Bergmolch und den Grünfröschen. Sie können sich auch als ausgewachsene Tiere längere Zeit, möglicherweise das ganze Jahr über im Garten aufhalten.

Obwohl Amphibien so träge wirken, gehören sie doch fast alle zu den ausgesprochen wanderfreudigen Tieren. Allerdings bevorzugen sie Nachtwanderungen, sodass man sie selten dabei sieht – es sei denn überfahren. Zumindest von den im März oft in Massen totgefahrenen Kröten und Fröschen ist allgemein bekannt, dass sie von ihren Winterquartieren zu ihren Laichgewässern wandern. Weniger bekannt ist, dass sie dort in der Regel nicht länger bleiben, sondern – zumindest was Erdkröte und Grasfrosch anlangt – sich bald wieder in Feld und Wald verteilen, also keineswegs ständig im oder am Wasser leben. Auch die hübschen und agilen Molche wandern weite Strecken über Land und spüren dabei neue Lebensräume überraschend schnell auf, vor allem der wenig ans Wasser gebundene Teichmolch.

Die genannten Arten sind nicht nur am wahrscheinlichsten, sondern auch am unproblematischsten am Gartenteich – zumindest was ihre Lautäußerungen betrifft: Die Erdkrötenmännchen lassen zur Laichzeit ein etwas raues, aber durchaus melodisches, leises Rufen hören; die Grasfrösche knarren tief und ebenfalls wenig lautstark; und Molche sind ganz stumm.

Die meisten Menschen denken beim Frosch wohl hauptsächlich an den grünen Teichfrosch, der gerne in großer Gesellschaft lebt und auch außerhalb der Paarungszeit sich am liebsten so nah am Rand kleiner Weiher oder Gräben sonnt, dass er bei Gefahr sofort ins Wasser springen kann. Die gewaltigen Konzerte, die Teichfrösche anstimmen, lassen sie im Zusammenhang mit ihrer

Lebensweise für den Gartenteich als weniger geeignet erscheinen, denn leider sind ja viele Menschen in dieser Beziehung empfindlich.

Durchaus bereichernd für den Garten wären in vieler Hinsicht die gelbbäuchige Unke und die mit ihr nah verwandte Geburtshelferkröte. Beide Arten brauchen nur kleine Pfützen und rufen mit leiser, glockenreiner Stimme. Während die Gelbbauchunke keine besonderen Ansprüche an ihren Lebensraum stellt, bevorzugt die mehr im westlichen Europa verbreitete Geburtshelferkröte (bei der das Männchen die Eier bis zum Schlüpfen der Larven mit sich herumschleppt) sonnige, mit lockerem Gestein durchsetzte, nur spärlich bewachsene Böschungen, Trockenmauern und andere trocken-warme Steinbiotope.

Zu den wenig bekannten, weil seltener oder nur lokal vorkommenden Arten gehören Knoblauchkröte, Wechselkröte und Kreuzkröte, die allesamt sandige Böden bevorzugen, in die sie sich leicht eingraben können; sie kommen mit kleinsten Laichgewässern aus, haben aber teilweise einen großen, über Gärten weit hinausreichenden Aktionsradius. Man wird sie also allenfalls einmal als unstete Gäste im Garten finden.

Schließlich sei noch der kleine, aber äußerst gesangsfreudige und lautstarke Laubfrosch betrachtet. Er bewohnt buschreiches Wiesengelände in der Nähe von Gewässern und hält sich bevorzugt in höheren Regionen von Röhricht und Buschwerk, ja oft hoch im Laub von Bäumen auf. Vermutlich wird er nur in ländlich gelegenen Gärten ausnahmsweise einmal auftauchen. Für dichter besiedelte Umgebung ist er schon wegen seiner lauten und anhaltenden »gäk-gäk-gäk«-Gesänge – oft im Chor – wenig geeignet; viele Leute werden ja von solchen Naturlauten offenbar stärker irritiert als von Autos, Eisenbahnen und Rasenmähern.

Reptilien mögen es warm und sind deswegen in Mitteleuropa – verglichen etwa mit Südeuropa – mit nur wenigen Arten heimisch. 6 der 12 mitteleuropäischen Reptilien erreichen bereits im südlichen Mitteleuropa ihre klimatisch bedingte Nordgrenze und sind bei uns entsprechend selten, meist vom Aussterben bedroht. 9 der 12 Arten stehen auf der (deutschen) Roten Liste.

Was man für sie im Garten tun kann, ist wenig genug. Auch hier gilt, wie bei den Lurchen: Nur die ohnehin noch etwas häufigeren und weiter verbreiteten Arten werden den einen oder anderen Garten besiedeln. Aber auch dafür lohnt sich jede Anstrengung. Die 3 (noch) nicht auf der Roten Liste stehenden Arten sind Waldeidechse, Zauneidechse und Blindschleiche.

Mit der dunkelbraunen, recht scheuen Waldeidechse wird man nur dort rechnen können, wo Wälder in der Nähe des Gartens sind. Dann aber kann sie sich durchaus auch auf Dauer im Garten einrichten, besonders wenn Pflanzendickichte als Versteck und Steine oder Holzstrünke zum Sonnen zur Verfügung stehen. Die Weibchen dieser Art sind übrigens lebendgebärend.

Ähnlich sind die Lebensraumansprüche der Zauneidechse, deren Männchen an den Seiten und am Bauch lebhaft grün sind. Etwas trockener und wärmer als die Waldeidechsen mögen es die Zauneidechsen, weshalb sie gerne Südböschungen, Weinbergmauern und Bahndämme besiedeln. Diese Art ist weit weniger scheu als die dunkle Verwandtschaft aus dem Wald. Die Weibchen legen im Frühjahr bis zu 20 Eier; nach etwa 3 Monaten schlüpfen die braunen Jungen.

Weil Blindschleichen keine sichtbaren Beine besitzen, werden sie vielfach für Schlangen gehalten, in Wirklichkeit stehen sie den Eidechsen näher. Tatsächlich wirken sie auf viele Menschen weniger furchterregend als echte Schlangen. Die höchstens 50 cm langen, schön goldbraunen Tiere leben an schattigen, mäßig feuchten Stellen, z. B. im hohen Gras von Wiesen, an buschigen Hängen oder auch im Wald. Neben solchen Verstecken und Nahrungsquellen (sie fressen gerne Nacktschnecken) brauchen sie aber auch modriges Holz, in dessen Wärme die Weibchen bevorzugt ihre bis zu einem Dutzend

Junge zur Welt bringen. Auch Blindschleichen sonnen sich ab und zu auf flachen Steinen oder trockenem Holz.
Als vierte Art kann im Naturgarten noch die Ringelnatter erwartet werden. Diese dunkelgrauen bis schwarzen Schlangen mit den hellen (gelblichen) Halbmondflecken an den Kopfseiten können 100–150 cm lang werden. Viele Menschen fürchten sich vor ihnen, obwohl sie nicht giftig sind. Ringelnattern leben gern in der Nähe von Wasser, in dem sie gewandt schwimmen und auch auf die Jagd gehen. Man kann sie aber auch fern vom Wasser an trockenen Hängen antreffen. Da sie überwiegend von Wirbeltieren – Fröschen, Molchen, Fischen, jungen Mäusen und jungen Vögeln – leben, brauchen sie schon recht große Reviere und werden daher kaum auf Dauer nur in einem Garten leben können. Da die Tiere hauptsächlich tagaktiv sind, kann man sie schön beobachten; besonders interessant ist ihr lebhaftes Werbe- und Paarungsverhalten.

Schmetterlinge

Als bunte Sommervögel, als fliegende Blüten oder gaukelnde Edelsteine hat man sie besungen, diese farbenprächtigsten Vertreter der riesigen Gruppe der Insekten. In Mitteleuropa ist die Artenzahl mit rund 1400 Großschmetterlingen und fast 2000 Kleinschmetterlingen vergleichsweise gering, macht aber doch einen erheblichen Anteil am heimischen Gesamtartenbestand der Tierwelt aus, was auch auf die große ökologische Bedeutung der Schmetterlinge hinweist.
Nur etwa 180 Arten gehören zu den Tagfaltern und Widderchen, also zu jenen Schmetterlingen, die uns durch ihre Schönheit und ihren Flug im Sonnenschein besonders am Herzen liegen. Die weit überwiegende Zahl der Schmetterlinge geistert also bei Nacht herum (Nachtfalter) oder zählt zu den teils sehr kleinen und oft ziemlich unscheinbaren »Motten«. Von den 180 besonders farbenprächtigen Falterarten gelten in Deutschland 90 als gefährdet, was zeigt, wie nötig Schutzmaßnahmen jeder Art sind. Auch Gartenbesitzer können dazu ihren – wenn auch bescheidenen – Beitrag liefern.
Wer im Garten etwas für Schmetterlinge tun will, sollte sich zunächst ein wenig mit ihren Lebensgewohnheiten bekannt machen, denn auch hier geht es ja wieder darum, nicht nur den einen oder anderen Schönling kurzfristig (z. B. durch Darbietung von Futter) anzulocken, sondern grundsätzlicher für Lebensbedingungen zu sorgen, die nicht nur dem Falter, sondern auch seinen Vorstufen – Raupe und Puppe – Lebens- und Entwicklungsmöglichkeiten bieten.
Wie viele andere Organismen auch, sind die einzelnen Schmetterlingsarten meist an spezielle Lebensräume angepasst. Sie können nur hier oder gar nicht existieren. Nur wenige Arten verfügen über ein weiteres ökologisches oder Anpassungs-Spektrum; sie können in Mitteleuropa etwa an Waldrändern, auf Wiesen und in Gärten vorkommen, und ihre Raupen sind nicht, wie viele andere, auf spezielle Nahrungspflanzen angewiesen.
Erstaunlicherweise sind die menschlichen Siedlungen mit ihren Gärten und Ruderalflächen (Schuttplätze, Kiesgruben, Gleisanlagen usw. samt ihrer Unkrautflora) zumindest potenziell nicht die schlechtesten Schmetterlingsbiotope. Die Brennnessel- und Disteldickichte der Ruderalplätze bieten Raupen und Faltern gleichermaßen Nahrung und Versteck, die Blumen der Gärten und faulendes Fallobst werden von vielen Faltern gerne aufgesucht, und die Gebäude selber, die sich in der Sonne aufheizen wie Felsen, werden zum Sonnen und Wärmen benutzt und ihre Dachböden von manchen auch als Winterquartier.
Trotzdem ist die Zahl der Arten nicht sonderlich groß, die man in unserer unmittelbaren Umgebung regelmäßig antrifft. Und es sind – gewissermaßen als Kulturfolger – häufigere Arten: Tagpfauenauge, Kleiner Fuchs, Kohlweißling, Zitronenfalter, Kaisermantel, Distelfalter, Admiral (schon seltener), Taubenschwänzchen und einige Nachtfalter.

Buddleia, der Sommerflieder oder Schmetterlingsstrauch, hat für alle Schmetterlinge eine große Anziehungskraft – hier für Tagpfauenaugen.

Dass Dörfer und vor allem Städte mit ihrer an sich recht großen Biotopvielfalt für die Welt der Schmetterlinge nicht die zu erwartende Rolle spielen, liegt wohl teilweise daran, dass der Mensch immer wieder störend eingreift, sodass weder die Vegetation (als Nahrungsgrundlage) noch das Insekt selbst über längere Entwicklungsphasen in der nötigen Ruhe heranwachsen können. Auch sind viele Biotope zu kleinflächig, als dass sich lebensfähige Populationen aufbauen könnten. Schließlich kommt als weiterer begrenzender Faktor die erhöhte Umweltbelastung in den Städten hinzu. Die Falter, die sich oft in Mengen an unseren Buddleiabüschen tummeln, sind daher viel eher Gäste aus dem weiteren Umland als eigentliche Bewohner der Siedlungen.

Wesentliche Bedeutung als Schmetterlingsbiotope haben in der Stadt nur größere Parks mit altem Baumbestand, dauerhaft unkrautreiche Ruderalflächen und naturnahe Gärten. Sie können ein echter Beitrag zum Schmetterlingsschutz sein. Gartenbesitzer können für die Erhaltung und den Schutz unserer Schmetterlinge insbesondere durch folgende Maßnahmen Gutes tun:

- durch Pflanzung einheimischer Sträucher und Bäume;
- durch Anlage ungedüngter, erst spät im Jahr gemähter, wildblumenreicher Wiesen;
- durch Duldung ungestörter Dickichte von Brennnesseln, Disteln und anderen »Unkräutern« in Gartenecken und an Zäunen;
- durch Anlage blühender, duftender Blumen- und Kräuterbeete.

Besonders wichtig ist, dass im Garten vollständig auf Insektizide und Herbizide verzichtet wird. Extensiv bewirtschaftete, artenreiche Wiesen gehören zu den bevorzugten Lebensräumen vieler Schmetterlingsarten. Sie finden hier Raupennahrung, Schutz und Nektar. Noch vor wenigen Jahrzehnten waren viele unsere Wiesen denn auch wahre Falterparadiese. Heute sind sie das nur noch ausnahmsweise, da die Intensivierung der Landnutzung auch den Grünlandbereich erfasst hat.

Für den Schwalbenschwanz, dessen Raupen auf Wilder Möhre und anderen nah verwandten

Als Symbol des »Hässlichen«, aus dem das »Schöne« hervorgeht, gilt die Schmetterlingsraupe. Viele Raupen, wie diese des Kleinen Fuchses, leben zudem von den ebenfalls oft ungeliebten Brennnesseln.

Doldenblütlern leben, wurde nachgewiesen, dass Futterpflanzen aus intensiv gedüngten Wiesen in wenigen Stunden zum Tod der Raupen führen. Hinzu kommt, dass die häufige Mahd weder Raupen noch Puppen die nötige Zeit zur Entwicklung lässt. Darum sind Blumenwiesen im Naturgarten nicht nur als Augenweide, sondern auch als Lebensraum für Schmetterlinge eine große Bereicherung.

Die Wildhecke ist einem doppelten Waldrand vergleichbar, wo viele Schmetterlingsarten des Waldes und des Freilandes ideale Lebensbedingungen finden. Büsche und Bäume bieten den Raupen zahlreicher Arten Lebensstätte und Nahrung. Die Falter finden in den Blüten der Gehölze und im Flor der Kräuter reichlich Nektar. Hecken sind für die Falter auch als Windschutz, als Versteck vor Feinden und schlechter Witterung von Bedeutung. Darum ist die Anlage von Hecken im Garten auch für Schmetterlinge und deren Raupen ein wertvoller Beitrag.

So gewaltig die Nahrungsmengen sind, die die Larven der Schmetterlinge, die Raupen, aufnehmen, so gering ist bei vielen Faltern das, was sie während ihrer Flugzeit zu sich nehmen. Manche verzichten sogar ganz auf Nahrung. Grundsätzlich können alle höher entwickelten Arten mit ihren leckend-saugenden Mundwerkzeugen nur flüssige Nahrung zu sich nehmen. Sie besteht vor allem aus zuckerhaltigen Pflanzensäften, aus Nektar, Saft von verletzten Bäumen und gärenden Früchten. Durch den Besuch von Blüten insbesondere mit engen, langen Blütenröhren, deren Nektar für andere Insekten mit kürzeren Rüsseln nicht erreichbar ist (z. B. Disteln oder Buddleia), kommt den Schmetterlingen eine besondere Bedeutung bei der Bestäubung zu.

Auch die süßen Ausscheidungen von Blattläusen, der so genannte Honigtau, wird aufgenommen.

Häufig sieht man verschiedene Tagfalter auch an tierischen Exkrementen und Aas. An Ufern und anderen feuchten Bodenstellen versammeln sich manchmal viele Falter, um Wasser und Mineralstoffe aufzunehmen.

Aus den Eiern schlüpfen oft schon nach wenigen Tagen die Larven, winzige Räupchen. Schmetterlingsraupen fressen viel und werden schnell groß. Ihre Fressleistung ist gewaltig, was besonders bei jenen Arten augenfällig wird, wo die Raupen eines Geleges oder vieler Gelege beisammen bleiben.

Zum Schutz gegen Feinde und Witterungseinflüsse spinnen sich vor allem junge und gesellig lebende Raupen oft ein oder fertigen sich aus einem zusammengesponnenen Blatt eine Schutzhülle. Manche Arten umhüllen ganze Bäume mit ihrem Gespinst, so die Gespinstmotten. Größere Raupen schützen sich vielfach durch abstehende Haare und allerlei Schreckeinrichtungen und Verhaltensweisen vor Feinden.

Die Raupen vieler Arten leben nur von einer bestimmten Pflanzenart. Sie verhungern eher, als dass sie Ersatzfutter annähmen.

Oft werden als Futterpflanzen nur nah verwandte Arten akzeptiert, etwa Schmetterlingsblütler von Widderchen und Bläulingen, Kreuzblütler von Weißlingen oder Gräser von Augenfaltern. Schließlich gibt es eine dritte Gruppe von Arten, die wenig wählerisch sind.
Die Dauer des Raupenstadiums hängt von der Art, von der Nahrung und von der Temperatur ab. Nur wenige Wochen benötigen die Raupen vieler Tagfalter zur Entwicklung. Über Jahre kann sie sich hinziehen bei Raupen, die von Holz oder im Hochgebirge leben. Während ihrer Entwicklung häuten sich die Raupen mehrmals. Wenn die Zeit der Verpuppung naht, werden die meisten Raupen unruhig und unternehmen oft längere Wanderungen, um einen geeigneten Platz für die Verpuppung zu finden.
Obwohl die Falter für den Betrachter im Vordergrund stehen, spielen sie im Naturhaushalt eine viel geringere Rolle als die Raupen. Bedeutung als Bestäuber haben sie mit ihren langen, oft eingerollten Rüsseln, wie gesagt, vor allem für Pflanzen mit sehr engen, langen Blütenröhren. Kein anderes Insekt unserer Fauna erreicht den tief verborgenen Nektar solcher Blüten (z. B. vieler Korbblütler, etwa Disteln), sodass diese Arten auf den Besuch langrüssliger Falter zur Bestäubung angewiesen sind.
Als Nahrungsquelle spielen hauptsächlich dickleibige Nachtfalter für Fledermäuse eine Rolle. Vögel fressen zwar auch Tagfalter, lieben im Allgemeinen aber nicht die schuppigen Flügel, sodass sie erst das »Entflügeln« lernen müssen. Die Raupen spielen hingegen als Vogelnahrung (vor allem auch für die Jungenaufzucht) eine wichtige Rolle – zumindest die nackten. Für die stark behaarten Raupen, etwa der Bärspinner, interessiert sich nur der Kuckuck. Kahlfraß an Bäumen entsteht durch Massenbefall von Raupen relativ selten. Nadelbäume können dadurch wirklichen Schaden nehmen. Laubbäume jedoch, wie etwa die Traubenkirsche oder die Schlehe, die recht häufig von Gespinstmotten völlig kahl gefressen werden, treiben meist in kurzer Zeit wieder aus und erleiden keinen erkennbaren Schaden.

Sommerliches Summen und Zirpen

Ein warmer Sommernachmittag im Garten: Im blühenden Holunder summt es von Bienen und Schwebfliegen, aus der Wiese steigt das Schwirren und rhythmische Zirpen von Heuschrecken und Grillen, tief brummend zieht eine Hornisse vorbei, knisternden Fluges jagt eine Libelle über den Teich, über dem eine sirrende Wolke von Mücken tanzt ... Unsere Umwelt wäre auch akustisch um vieles ärmer, wenn es nicht die vielfältigen Lautäußerungen auch aus der Insektenwelt gäbe – sie tragen zur Stimmung eines warmen Tages ebenso bei wie der Gesang der Vögel oder das Quaken der Teich- und Laubfrösche.

➤ Bienen und Hummeln

Was da summt und brummt, ist uns freilich nur teilweise sympathisch. Obwohl nah verwandt, mögen wir Hummeln und hassen wir Wespen. Bienen stehen auf der Beliebtheitsskala irgendwo dazwischen.
Bienen und Hummeln unterscheiden sich von Wespen durch eine fast pelzartige Körperbehaarung, die freilich mehr mit den Nahrungsgewohnheiten ihrer Brut als mit ihrem Wärmebedürfnis oder der systematischen Zugehörigkeit zu tun hat: Während die Larven zumindest der echten Wespen mit Fleisch (in Form herbeigeschleppter Beute) versorgt werden, füttern die meisten Bienen und Hummeln ihre Jungen mit Blütenpollen. Und um dieses krümelige Material zweckmäßig sammeln zu können, tragen die »Blumenwespen« ihr Haarkleid und spezielle Sammelvorrichtungen an den Hinterbeinen, mit denen sie sich den Pollen aus dem »Pelz« kämmen. Nah verwandte Kuckucksbienen, die ihre Brut anderen Bienen unterschieben und daher selbst keinen Pollen sammeln müssen, sind entsprechend ziemlich haarlos (und werden deshalb auch als »Wespen« verkannt).

Honigbienen und einige andere Insekten sammeln den stärkereichen Pollen als Nahrung für ihre Larven; hier an Weidenkätzchen.

Viele Wildbienen brauchen kleine Hohlräume zur Aufzucht ihrer Jungen. Mit den hier abgebildeten Hilfsmitteln kann man sie anlocken und fördern zugleich.

Gemeinsam mit den Wespen haben die Bienen und Hummeln eine sehr unangenehme Eigenschaft: Die Legeröhre der Weibchen ist zu einem kurzen Stachel umgebildet, der mit einer Giftdrüse in Verbindung steht. Von der Wirksamkeit dieses Giftes konnten sich die meisten Menschen wohl schon überzeugen. Dem stehen freilich sehr positive Eigenschaften gegenüber, denn bekanntlich verdanken wir diesen fleißigen Blumenbesuchern nicht nur die Köstlichkeit des Honigs, sondern auch so manches an Obst und Gemüse. Sehr viele Pflanzenarten könnten ohne die Mithilfe bestäubender Insekten gar nicht existieren.
Die Rolle der Honigbiene wird dabei freilich oft überschätzt. Immerhin gibt es in Mitteleuropa ungefähr 560 Arten von Wildbienen im weiteren Sinne. Zu den echten, Staaten bildenden Bienen gehören neben der Honigbiene etwa 40 Arten von Hummeln und Schmarotzerhummeln. Die weitaus meisten Wildbienen leben einzeln (solitär), kennen also weder Arbeitsteilung noch die »Kaste« der kinderlosen Arbeiterinnen. Aber auch die solitären Wildbienen zeigen hochinteressante Verhaltensweisen bei der Brutpflege. Sie legen ihre Kinderstuben in selbst gegrabenen Erdkammern, in hohlen Stängeln, Holz- und Mauerritzen und anderen Kleinhöhlen an. Die Eier werden meist einzeln mit einer bestimmten Menge Proviant

Zufällig entsprachen die Hohlräume dieser alten Dachziegel den Vorstellungen von Mauerbienen über ideale Kinderkrippen. Auf einen Vorrat eines Pollen-Nektar-Gemischs (»Bienenbrot«) wird das Ei gelegt und dann der Eingang mit Lehm verschlossen. Der sonnige Standort lockte Hunderte dieser hübschen Wildbienen an.

versorgt, die Kammern danach meist verschlossen.
Wir können Wildbienen und Hummeln im Garten in vielfacher Weise helfen: durch trocken-sonnige Sand-Lehm-Böschungen (zum Graben von Nisthöhlen) oder durch besondere Nistvorrichtungen (etwa Bündel von geschnittenem Stroh, mit Bohrlöchern versehene Holzklötze, bestimmte Dachziegel mit blei-

Bruthilfe für Staaten bildende Hummeln

Material
1 großer Blumentopf mit einem Loch im Boden von mindestens 15 mm
1 Blumentopf, an dem an einer Seite eine Scherbe herausgebrochen ist
trockene Moosreste, Heu oder Sägespäne

Bauanleitung
In die Erde im Garten wird ein kleines Loch gegraben. Es muss so groß sein, dass man den großen Blumentopf mit der Öffnung nach unten hineinstülpen kann. Der Boden des Blumentopfes ragt nur wenig über die Erde hinaus.
Am Boden der entstandenen Höhle wird das trockene Moos hinterlassen. Der zweite Blumentopf wird über die Hummelhöhle gestülpt, sein Loch mit einem Stein abgedeckt (Regenschutz!). Jetzt können die Hummeln bei dem herausgebrochenen Scherben aus- und einfliegen.

Wo wird die Hummelhilfe angebracht?
Sie wird am besten in einer ungstörten Ecke des Gartens versenkt, die das Jahr über weder betreten noch bearbeitet wird.

stiftdicken Hohlräumen). Manches davon gibt es fertig zu kaufen. Alle solche Einrichtungen sollten sehr sonnig und geschützt angebracht werden. Unter geeigneten Bedingungen können sich die Solitärbienen zu regelrechten Brutkolonien versammeln, wie auf dem Foto mit den Dachziegeln zu erkennen ist (s. S. 39).
Die Hummeln bilden wie die Honigbiene Staaten, die Arbeitsteilung ist bei ihnen aber nicht so weit fortgeschritten. Die überwinternden Weibchen sind noch selbst in der Lage, ein Nest zu bauen und zumindest die erste Generation mit Nahrung zu versorgen. Diese Nachkommen helfen dann später als Arbeiterinnen.
In der Natur spielen die Hummeln aus doppeltem Grund eine wichtige Rolle: weil sie schon bei niedrigen Temperaturen fliegen und somit für die Bestäubung von Frühblühern wichtig sind und weil sie mit ihrem langen Rüssel auch langröhrige Blüten besuchen, die von den kurzrüsseligen Bienen gemieden werden. Die Hälfte aller heimischen Hummelarten ist in ihrem Bestand gefährdet.
Auch für die Staaten bildenden Hummeln lassen sich Brutvorrichtungen schaffen: Für Erdhummeln gibt es spezielle Nistkästen zu kaufen, die sich aber leicht auch selber herstellen lassen: Ein etwa 30 × 30 cm großer und 20 cm hoher Holzkasten wird mit einem etwa 40 cm langen Schlauchstück mit mindestens 2 cm Durchmesser seitlich verbunden und flach im Boden vergraben. Das obere Schlauchende ragt etwas aus dem Boden und wird mit einem Stein in horizontale Lage gebracht (Regenschutz!). Eine weitere Eigenbau-Variante zeigt die Grafik Seite 39.

➤ Wespen

Jeder kennt und »liebt« die gelbschwarzen Tiere, die sich ungebeten auf Kuchenstücken und Marmeladenbroten niederlassen, die man an sonnigen Tagen bei offenem Fenster oder auf der Terrasse eigentlich zum Eigengebrauch gedacht hatte. Unangenehm wird es, wenn man so ein Tierchen in den Mund bekommt: Ein Stich in den Rachen kann zum Ersticken führen.
Nein, beliebt sind die Wespen im Allgemeinen nicht, wenn auch mancher mit staunendem Respekt vor den schönen Kugeln aus Pappmaschee steht, die manchmal im Speicher an einem Dachbalken hängen. Die wenigsten Menschen unterscheiden die verschiedenen Wespenarten, auch wenn sie schon beobachtet haben, dass manche Wespen ihr Nest unterirdisch im Wiesenboden bauen, während andere dafür den Dachboden oder einen Vogelnistkasten bevorzugen.
Tatsächlich handelt es sich hier um verschiedene Arten: Bei der im Boden ihren Nachwuchs päppelnden Art handelt es sich meist um die Deutsche Wespe, die man zu den Kurzkopfwespen zählt, während unterm Dach die zu den

Wespennester im Dachgebälk – im Allgemeinen stammen sie von der Sächsischen Wespe – lösen meistens Panik aus. Ihre schöne Bauweise aus Pappmaschee (abgenagtes Holz mit Speichel) wird dabei selten beachtet.

Langkopfwespen gehörende Sächsische Wespe ihr Nest baut. Beide gehören mit den großen Hornissen zur Familie der Echten Wespen.
Als Wespen werden aber auch die Vertreter anderer Familien der Hautflügler (zu denen auch Ameisen und Bienen gehören) bezeichnet, z. B. die Weg- oder Grabwespen (Letztere stehen systematisch den Bienen näher als den Wespen), die keine Staaten bilden, sondern ihre Brut einzeln in Erdkammern mit gelähmtem Frischfleisch (häufig Raupen oder Spinnen) versorgen, oder die Blattwespen ohne die typische »Wespentaille«, deren raupenähnliche Larven vegetarisch leben und daher vielfach als »Schädlinge« gelten. Schließlich gibt es noch die Schlupfwespen, eine Sammelbezeichnung für die Vertreter verschiedener Familien, deren Larven parasitisch leben (meist in anderen Insektenlarven) und daher als »Nützlinge« gelobt werden.

➤ Heuschrecken und Grillen

Ihr Schwirren und Zirpen gehört unbedingt zur Stimmung eines sonnigen Sommertags. Leider ist es immer seltener und immer dürftiger zu hören, denn die Intensivlandwirtschaft raubt auch den »Geradflüglern« (Heuschrecken, Grillen etc.) die Lebensgrundlagen. Wiesen, die großflächig und bis auf die Narbe mehrmals im Jahr gemäht werden, sind bald

Kurzfühler- oder Feldheuschrecken bestimmen das sommerliche Orchester in spät gemähten Wiesen. Häufige Mahd rottet sie gründlich aus.

heuschreckenleer und stumm, da den Wiesensängern nicht nur die Nahrung, sondern auch die Verstecke genommen werden: Sofern sie nicht schon ein Opfer der Kreiselmäher geworden sind, werden sie Vögeln und anderen Insektenjägern auf der kahlen Fläche zur leichten Beute.
Wer daher im Garten etwas für die friedlichen Springer tun möchte, sollte vor allem seine Wiese niemals in einem Zug mähen und abräumen, sondern in Etappen, sodass immer genügend Verstecke für die Vertriebenen bleiben. In Randbereichen sollten ganzjährig Rückzugsmöglichkeiten belassen werden.
Die Springschrecken, von denen es in Mitteleuropa rund 80 Arten gibt, werden nach ihrer Fühlerlänge in Langfühlerschrecken (Laubheuschrecken und Grillen) und Kurzfühlerschrecken (Feldheuschrecken) unterteilt. Man kann die beiden Gruppen ganz gut an ihrem Gesang unterscheiden: Die Schrecken mit meist mehr als körperlangen Fühlern reiben ihre Flügel gegeneinander und erzeugen dabei (abgesehen von den Grillen) ein wenig gegliedertes, ziemlich gleichförmig schwirrendes Geräusch. Die Feldheuschrecken geigen dagegen mit den Hinterschenkeln an den Vorderflügeln und produzieren damit einen sehr rhythmischen Gesang. Wie bei den Vögeln singen fast nur die Männchen, um Weibchen anzulocken.
Wer das gemütvolle Geigen der Feldgrillen in seinem Garten hören möchte, der muss für sonnige Böschungen sorgen, in deren sandig-lehmigem Boden die Grillen ihre Gänge graben können.

VOM ZUSAMMENLEBEN DER TIERE

Den Wald vor Bäumen nicht zu sehen, heißt eine alte Redensart. Und das passiert uns auch immer wieder im Garten. Wir neigen dazu, den einzelnen Pflanzen und Tieren unsere spezielle Aufmerksamkeit zu widmen. Wir betrachten eine Rose, erfreuen uns an ihrem Duft und ärgern uns über Blattläuse und Mehltau. Wir sind fasziniert von den Farben und der Eleganz eines Tagpfauenauges oder Schwalbenschwanzes, die um die Blüten eines Buddleiastrauches gaukeln. Rose und Falter sind aber, wie alle Pflanzen und Tiere, eingebunden in ein Netz vielfältiger Beziehungen – und ohne dieses Netz zu beachten und zu verstehen, kommen wir oft zu ganz falschen Ansichten über die einzelne Pflanze, das einzelne Tier.

In den vorhergehenden Abschnitten habe ich versucht, die vielfältigen und oft engen Beziehungen und Verflechtungen zwischen Standort (Boden und Kleinklima), Vegetation und Tierwelt einerseits und die zeitlichen Zusammenhänge, etwa zwischen den Entwicklungsstadien von Insekten oder jahreszeitlich unterschiedlichen Ernährungsweisen bei Vögeln, aufzuzeigen. Im Folgenden möchte ich auf die vielen Beziehungen zwischen Tieren der verschiedenen Gruppen hinweisen. Wenn man sich mit diesem Thema beschäftigt, gewinnt man oft den Eindruck, als habe man es bei diesem dicht gewobenen Netz von Abhängigkeiten mit einem übergeordneten großen Organismus zu tun, in dem die einzelnen Tierindividuen allenfalls die Rolle untergeordneter Organe spielen.

Ökologisch betrachtet stellen sich die Beziehungen zwischen den Tieren vor allem als ein dichtes Netz von Nahrungsbeziehungen dar. Dieses Fressen und Gefressenwerden erstreckt sich natürlich nicht nur auf die bekannten Räuber-Beute-Beziehungen, sondern ebenso auf die Zusammenhänge zwischen Pflanzen und Tieren. Und je mehr man sich damit beschäftigt, desto mehr erkennt man, dass es in diesem großen Gewebe von Geben und Nehmen kein Gut und Böse gibt. Die Begriffe »Nützling« und »Schädling« sind nur unter dem Gesichtspunkt des wirtschaftenden, die Natur nutzenden Menschen sinnvoll und zulässig.

Wie wichtig es ist, sich immer wieder auf das Naturganze zu besinnen, den seit Jahrmillionen bewährten Kreisläufen und Regelsystemen zu vertrauen, wird mir jedes Mal schmerzlich deutlich, wenn wieder einmal einer meiner Bekannten diesen oder jenen Bösewicht anklagt. Der eine ist auf Elstern sauer, der andere auf Eichelhäher oder Krähen, wieder ein anderer hat die Blattläuse zu seinem Intimfeind erklärt und mancher hat sich sogar auf wilde Brombeeren und junge Eschen eingeschossen. Die oft nur mühsam gebändigte Wut auf diesen oder jenen Störenfried steht meist in einem merkwürdigen Missverhältnis zum angerichteten »Schaden«.

Wenn die Existenz eines Bauern, Gärtners, Forstmanns oder Tierhalters davon abhängt, wie gut er seine Schützlinge gegen Übergriffe verteidigt, so kann und muss man das ja akzeptieren – auch wenn das leider oft mit der Vernichtung komplexer Zusammenhänge und hoher Lebensqualität verbunden ist. Doch was verteidigen wir Hobbygärtner eigentlich so verbissen? Vielleicht nur unseren Herrschaftsanspruch? Warum versuchen wir immer wieder, bestimmte Zier- oder Nutzpflanzen, die einfach nicht gedeihen wollen, mit allen – und das heißt eben oft auch mit ökologisch recht fragwürdigen – Mitteln durchzusetzen? Versuchen wir es doch einmal mit anderen Arten

Nicht sehr ordentlich, aber stabil zwischen Stängeln aufgehängt: das Nest der Mönchsgrasmücke, einer der vielen Insektenjäger. Ohne die Nahrungsbasis an vordergründig »nichtsnutzigen« Insekten(larven) können solche Arten nicht überleben.

oder Sorten – wie die Natur auch.
Man könnte hier längere und breitere Spekulationen über die psychischen Strukturen und Befindlichkeiten der Menschen im Allgemeinen und bestimmter Menschen im Besonderen anfügen. Es könnte etwa lohnend sein, einen Blick auf die zwei Seelen, ach, in unserer Brust zu werfen, deren Pendel mal nach der einen, mal nach der anderen Seite übermäßig ausschlägt – und selten die goldene Mittellage einnimmt. Gemeint ist etwas, das man das geometrische und organische Schönheitsideal nennen könnte. Zwischen diesen beiden Polen, so scheint es mir, pendeln die meisten Gartenfreunde. In der Geschichte der Landschaftsgärtnerei drückten sich diese verschiedenen »Weltanschauungen« im so genannten Französischen und Englischen Garten aus. Heute reicht das Spektrum im Hobbygarten vom geschniegelten Rasen-Blautannen-Ensemble bis zur kaum noch gestalteten Wildnis.
Da wir alle große Anhänger der individuellen Freiheit und der Toleranz sind, werden wir uns hüten, irgendwelche Werturteile abzugeben oder gar Vorschriften zu machen. Wie immer, wenn es um Freiheit geht, ist als begrenzender Faktor allein die Verantwortung gefragt – und zwar die soziale und die ökologische. Solange unser Garten weder die Nachbarn noch die Umwelt über Gebühr belästigt oder belastet, können wir machen, was wir wollen. Das Erfreuliche am Garten ist doch schließlich, dass er unseren ganz individuellen Bedürfnissen entspricht.
Doch gleichgültig, ob wir nun ein Freund gerader Linien, akkurater Kanten, sauberer Flächen und einer überschaubaren Ordnung sind oder ob wir mehr das bunte Mit- und Durcheinander, die weniger leicht durchschaubare Ordnung organischer Vielfalt lieben, sollten wir uns wenigstens eine ungefähre Vorstellung davon machen können, wie in der Natur alles mit allem zusammenhängt. Warum? Weil wir ja als »Gärtner« immer wieder eingreifen in diese Zusammenhänge und dabei aus Unkenntnis eben auch manchen Fehler machen. Wenn in der Natur eine Pflanzenart an einem Standort keimt, der ihren Bedürfnissen nicht optimal entspricht, wird sie in der Regel bald durch besser angepasste Arten verdrängt. Auch im Garten sollten wir viel öfter nach dem Prinzip Versuch und Irrtum verfahren und es mit besser für den jeweiligen Standort geeigneten Arten oder Sorten versuchen, statt mit Gift und viel Mühe Kümmerlinge über die Runden zu bringen.

Nahrungsketten, Nahrungsnetze

Gewiss hat sich jeder schon einmal Gedanken gemacht über die oft unglaubliche »Großzügigkeit«, mit der vor allem Pflanzen, aber auch viele Tiere ihre Produkte mit anderen teilen. Die meisten Pflanzen lassen ganze Heerscharen von Tieren an ihrer Fähigkeit teilhaben, mit Hilfe des Sonnenlichts aus wenigen anorganischen Stoffen Stärke, Zucker, Eiweiß, Fett und andere nahrhafte Substanzen herzustellen. Besonders deutlich wird dies, wenn Pflanzen Früchte bilden: Nüsse, Körner, Samen und all die saftigen »Verpackungen« von der Beere bis zum Kürbis. Wir neigen heute dazu, diesen Reichtum als Produkt des Menschen – des Pflanzenzüchters, des Bauern, des Gärtners – zu betrachten, und vergessen darüber, dass auch ohne die den Ertrag steigernden Eingriffe des Menschen die Pflanzen schon immer ihre Fruchtbarkeit mit den Tieren geteilt, ja ihre Früchte für Tiere immer attraktiver, immer schmackhafter, immer nahrhafter gemacht haben. Und schon hier erkennen wir, dass es offenbar falsch wäre, menschliche Maßstäbe anzulegen und etwa von Altruismus oder Egoismus zu sprechen. Pflanzen bieten den Reichtum ihrer Früchte der Tierwelt (einschließlich dem Menschen) nicht aus Barmherzigkeit an, sondern zum Beispiel weil sie auf diese Weise die Beweglichkeit der Tiere zur Verbreitung ihrer Nachkommen oder zur Fremdbestäubung nutzen können. Und schon haben wir ein grundlegendes Prinzip ökologischer Zusammenhänge entdeckt: Geben

Überreich bieten viele Pflanzen ihre Früchte und Samen der Tierwelt an – natürlich nicht ohne »Hintergedanken«.

und Nehmen nützt beiden Seiten, es gibt keine Verlierer.
In welchem Umfang Tiere (und Menschen) schon von den lebenden, wachsenden Pflanzen profitieren, ist oft viel weniger auffällig. Am deutlichsten wird das noch bei den großen Weidetieren. Viel mehr ins Gewicht fallen aber all die kleinen bis winzigen Nutznießer. Von den bis zu 1000 Tierarten, die allein in und von einer alten Eiche leben können, habe ich schon gesprochen. Das sind hauptsächlich von Blättern lebende Insektenlarven (minierende Maden, nagende Raupen) und Insekten mit saugenden Mundwerkzeugen, die direkt den Nährstoffstrom anzapfen, der ständig zwischen Blättern und Wurzeln der Pflanzen zirkuliert: Blattläuse, Wanzen, Zikaden und andere mehr.
Nun stellt sich die Frage, ob denn diese Nutznießer lebender Pflanzen in gleicher oder ähnlicher Weise ein Geschäft auf Gegenseitigkeit mit ihrem »Wirt« betreiben, wie die Tiere, die vom Überfluss der Früchte oder Blüten leben. Den Nutzen oder Schaden, den eine Pflanze durch einen »Schmarotzer« hat, kann man oft nur schwer beurteilen, da Zustand und weitere Entwicklung der Pflanze von vielen Faktoren abhängen. Auffallend ist jedenfalls, dass in eingespielten Lebensgemeinschaften größere »Katastrophen« im Sinn von Bestands- oder Populationszusammenbrüchen (z. B. Kahlfraß) meist ausbleiben. Wenn tatsächlich eine Pflanzenart durch übermäßigen Befall zugrunde geht (was ausgesprochen selten ist, da auch der Parasit in der Regel am Fortleben seines Wirtes »interessiert« ist), so ist das meist ein Zeichen dafür, dass sie dort nicht unter optimalen Bedingungen lebte. An ihre Stelle wird nach ihrem Verschwinden eine andere Art treten. Insofern kann ein »Parasit« durchaus zur Ausgewogenheit und damit zum Nutzen einer Lebensgemeinschaft beitragen. Gesunde Pflanzen verkraften viele Nutzer – und viele Nutzer halten sich und die Lebensgemeinschaft im Gleichgewicht.
Wesentlich im Naturgeschehen ist fast nie das Wohl der einzelnen Pflanze, des einzelnen Tiers, sonder immer das Wohl der Lebensgemeinschaft, das ausgewogene Verhältnis zwischen den einzelnen Organismen. Und Lebensgemeinschaften sind immer in Bewegung, sind dynamisch in der Zeit, gleichen einer Waage, die um einen Mittelwert pendelt. Die ganze Lebensvielfalt scheint darauf ausgerichtet, das Pendel nicht zu weit ausschlagen, die Bäume nicht in den Himmel wachsen zu lassen. Nur ganz wenige Tierarten an der Spitze der so genannten Nahrungspyramide – Menschen, Löwen, Adler, Haie

Das Netz von Fressen und Gefressenwerden sorgt für ein dynamisches Gleichgewicht in der Natur: Florfliegenlarve auf Blattlausjagd.

und dergleichen – haben keine direkten Fressfeinde, die dafür sorgen, dass »ihre Bäume« nicht in den Himmel wachsen. (Begrenzte Ressourcen wie Nahrung und Raum, geringe Geburtenraten, auch Krankheiten und andere Widrigkeiten sorgen stattdessen dafür.) Die Evolution scheint nur auf Gelegenheiten zu warten, mit neuen Nutzungsstrategien (Bauplänen oder Verhaltensweisen) auf neue Lebensformen zu reagieren. Wo sich Blattläuse einfinden, da gibt es auch bald auf Blattläuse spezialisierte Räuber wie Marienkäfer und ihre Larven oder die Larven von Schweb- und Florfliegen. Das gilt für die Entwicklung (Evolution) von Arten über Jahrmillionen ebenso wie für die kurzen Wochen eines Gartensommers.

Das unendlich verzweigte Netz der Nahrungsbeziehungen einer Biozönose (Lebensgemeinschaft) kann man sich auch im Bild eines römischen Brunnens vorstellen, in dem die von den Pflanzen produzierten organischen Stoffe von einer Tierart (»Brunnenschale«) zur anderen weitergegeben werden, bis sie schließlich wieder in ihre anorganischen Bestandteile zerlegt sind und damit für einen neuen Stoffkreislauf zur Verfügung stehen. Da es auch den direkten Weg von der Pflanze zur bakteriellen Zersetzung gibt, erscheint die Existenz sämtlicher Tiere (einschließlich des Menschen) oft ein wenig nebensächlich, wie ein farbenfroher Anhang, ein fröhliches Gewusel im grünen Pelz unseres Planeten.

Die große Vielfalt der Ernährungsweisen und die nicht minder große Anpassungsfähigkeit der meisten Tiere, wechselnde Nahrungsangebote zu nutzen, ist für die Dynamik und Flexibilität der Lebensgemeinschaften gegenüber inneren und äußeren Veränderungen von größter Bedeutung. Wenn ein Glied in der Kette der sich gegenseitig kontrollierenden Populationen ausfällt, tritt fast immer sofort ein anderes an seine Stelle. Alle ökologischen Funktionen sind mehrfach besetzt. Das gilt auch und vor allem für die besonders wichtige Ebene der Zersetzer (Destruenten), die sich von den »Abfällen« der Pflanzen und von Aas ernähren und damit die Schließung des Stoffkreislaufes einleiten. Neben einigen größeren Aasfressern (Geiern, Hyänen und dergleichen) ist es vor allem die artenreiche Kleintierwelt der Streuschicht und des Bodens, die das Recycling in der Natur besorgt. Davon war bereits ausführlicher die Rede.

Ausgewogenheit statt Schädlingsbekämpfung

Für die Praxis im Garten sind diese Erkenntnisse und Überlegungen deswegen von Bedeutung, weil sie uns zeigen, wie sich in der Natur das zarte Wunder des Lebens durch Vielfalt und Anpassungsfähigkeit gegenüber inneren und äußeren Katastrophen (Hunger, Krankheiten, Überpopulationen, Temperaturschwankungen, Feuer, Fluten usw.) wappnet. Lebensgemeinschaften gleichen einem gut ausbalancierten Mobile, dessen Teile im Wind stark schwanken und pendeln können, ohne dass das Ganze aus dem Gleichgewicht gerät.

Menschliches Denken neigt im Gegensatz dazu mehr zu linearen Ursache-Wirkungs-Ketten. Wenn wir an der Rose Blattläuse entdecken, ist unser erster Gedanke: Weg mit den Blattläusen. Der Griff zur Giftspritze liegt nahe. Wer sich schon ein wenig in die natürliche Art des »Katastrophenschutzes« hineingedacht (oder -gefühlt) hat, der wird sich vielleicht Gedanken machen

a) über die möglichen Ursachen des »Schädlingsbefalls«,
b) über die tatsächlichen Auswirkungen und
c) über die Folgen eines Eingriffs mit der Giftspritze.

Da kann man im Fall der Rosenblattläuse etwa unter a) zu dem Schluss kommen, dass möglicherweise der Standort für diese Rose ungeeignet ist. (Da wir wissen, dass kümmernde Pflanzen meist anfälliger gegen Schädlinge und Krankheiten sind.) Wir würden also entweder für bessere Standortverhältnisse sorgen oder es mit einer anderen Rosensorte versuchen. (Auch wenn es unseren »Herrschaftsansprüchen« ein wenig gegen den Strich geht.)
Wir könnten uns aber auch (Fall b) überlegen, ob Mühen, Kosten und Risiken eines Gifteinsatzes denn überhaupt in einem vernünftigen Verhältnis zum Schaden stehen. Offensichtlich blüht und gedeiht die Rose auch mit Blattläusen recht gut. Ist es vielleicht nur wieder unsere (wenn wir ehrlich sind: oft ziemlich übertriebene) Vorstellung von Sauberkeit und Ordnung, die an den Blattläusen Anstoß nimmt? Da bricht er wieder aus, der Kampf der beiden Seelen in unserer Brust, und verwirrt fragt man sich: Sind denn meine Wertvorstellungen von Küche, Bad und Wohnzimmer auch im Garten wirklich angebracht? Einen mutigen Schritt in die richtige (die ökologische) Richtung haben wir schon getan, wenn wir uns entschließen, erst mal abzuwarten. In der Natur dauert es oft ein Weilchen, bis Florfliegen, Marienkäfer und andere Hilfstruppen anrücken, um sich über die saftigen Blattläuse herzumachen.
Und damit sind wir zwanglos beim Fall c: Wir denken über die Folgen unseres Tuns nach – und zwar, bevor wir es tun! (Leider ist das nicht gerade eine menschliche Stärke, obwohl doch die Evolution uns mit der einmaligen Fähigkeit zur Voraussicht ausgestattet hat.) Was könnte denn, so fragen wir uns selbstkritisch, der Gifteinsatz – außer der erhofften Totalvernichtung der Blattläuse – sonst noch bewirken? Können wir den Versicherungen des Herstellers trauen, der keinerlei Nebenwirkungen verspricht (aber gleichzeitig davor warnt, die Sprühflasche in Kinderhände gelangen zu lassen oder den Sprühdampf einzuatmen)? Da wir weder Chemiker noch Ökologen sind, entschließen wir uns, den gesunden Menschenverstand einzusetzen: Gift ist Gift, und was Blattläuse tötet (und Kinder gefährdet) wird auch den hübschen Schmetterlingen und Marienkäfern und wahrscheinlich vielen anderen Tieren des Gartens nicht gut bekommen. Nein, ein Massaker wollen wir nicht anrichten. Wir entscheiden uns, eingedenk unserer Unwissenheit und im Vertrauen auf die größere Erfahrung der Natur, die unkalkulierbaren Risiken eines Gifteinsatzes zu vermeiden und auf den Einsatz zu verzichten. Eine vielleicht schwere, aber zweifellos weise Entscheidung nach dem bewährten Prinzip: im Zweifel für die Angeklagte (hier die Natur).

Ein Goldlaufkäfer macht sich über seine Beute her – und trägt damit ebenfalls zum ökologischen Gleichgewicht bei.

TIERE BEOBACHTEN UND BESTIMMEN

Wenn es schon schwierig genug ist, sich auch nur einen Überblick über die Vielfalt der knapp 3000 heimischen Wildpflanzen zu verschaffen (von der Identifizierung und Benennung jeder einzelnen gar nicht zu reden), so ist es fast unmöglich, sich eine einigermaßen geordnete Vorstellung von der schwimmenden, krabbelnden, fliegenden, grabenden – kurzum: verwirrenden Vielgestaltigkeit all der kleinen und großen Tiere unserer Umgebung zu machen. Da Mitteleuropa nicht die Serengeti ist, handelt es sich dabei überwiegend um kleine, winzige, oft sehr unscheinbare, mit bloßem Auge oft auch gar nicht sichtbare Tiere. (Nebenbei gesagt: In der Serengeti ist es, allem Augenschein zum Trotz, kaum anders.)

Zu den geheimnisvollen Tatsachen der Natur gehört das erstaunliche Zahlenverhältnis von Pflanzenarten zu Tierarten. Als Faustregel gilt: Auf 1 Pflanzenart kommen 10 Tierarten. Die uns oft recht ärmlich erscheinende Fauna (Tierwelt) Mitteleuropas macht da keine Ausnahme; hier leben rund 3000 Pflanzen- und 50 000 Tierarten! Selbst in einem gewöhnlichen Garten dürften es einige hundert Tierarten sein, die hier leben oder das Jahr über kommen und gehen. Die kann und muss man selbstverständlich nicht alle kennen. Doch wäre es sehr nützlich, sich einmal einen allgemeinen Überblick über die wichtigsten heimischen Tiergruppen zu verschaffen – nützlich zur Orientierung und nützlich auch in dem Sinne, dass wir etwas bescheidener werden mit unseren oft doch sehr vereinfachten Vorstellungen von der Natur und ihrer ja wirklich schwer vorstellbaren Mannigfaltigkeit. Nützlich auch insofern, als dieser Überblick uns lehren kann, die Welt nicht immer nur mit den Augen eines ziemlich großen Säugetiers zu sehen und zu beurteilen. Im Naturgeschehen sind die Milliarden von Kleinlebewesen (pro Quadratmeter Erdoberfläche!) viel wichtiger als die wenigen Großtiere.

Der bekannte Evolutions- und Ameisenforscher E. O. Wilson schreibt über eines dieser von uns nur selten beachteten Tiere: »Ameisen sind die dominanten Kleinlebewesen der Erde, die größenmäßig einen mittleren Platz zwischen Bakterien und Elefanten einnehmen … Sie machen einen erheblichen Anteil der Gesamtbiomasse aus. So stellen Ameisen und Termiten in den Urwäldern bei Manaus, im zentralbrasilianischen Amazonasgebiet, über ein Viertel der tierischen Biomasse, die sämtliche Lebewesen umfasst, angefangen von winzigen Würmern und anderen Wirbellosen bis hin zu den größten Säugetieren. Die Ameisen wiegen allein viermal so viel wie die Vögel, Amphibien, Reptilien und Säuger zusammen genommen.«

Ameisen bilden, was ihre Größe anlangt, für den aufmerksamen Naturbeobachter etwa die Untergrenze seiner Wahrnehmung. Und dabei liegen sie noch im Mittelfeld! Wer sich eine Vorstellung von dem formenreichen Gewimmel unserer noch kleineren Mitbewohner dieser Erde machen möchte, sollte nicht zögern, sich ein Mikroskop zuzulegen oder auszuleihen, um damit der faszinierenden Welt der Amöben, Wimper- und Rädertierchen, der Wasserflöhe und Bodenälchen, der niedlichen Bärtierchen und Springschwänze wenigstens einmal einen Besuch zu machen. Es wäre nicht das erste Mal, dass aus einem solchen Besuch eine lang währende Leidenschaft würde.

Da wir uns in diesem Buch auf die mit bloßen (aber offenen!) Augen zu erkennenden Tiere des Gartens beschränken, will ich versuchen, ein paar Hilfestellungen

Das Taubenschwänzchen, ein aus Südeuropa alljährlich zuwandernder tagaktiver »Nachtfalter«, wird oft für einen (allerdings sehr kleinen) Kolibri gehalten.

für ihre Zuordnung und Benennung zu geben. Die im zweiten Teil näher vorgestellten Arten sind ja nur eine Auswahl der am häufigsten im Garten anzutreffenden Tiere oder Repräsentanten formenreicher Gruppen. Je nach Lage Ihres Gartens werden Ihnen viele weitere Tierarten unter die Augen oder vor die Ohren kommen, von denen Sie mit einigen Hilfsmitteln sicher manche selbst bestimmen oder zuordnen können – auch wenn Ihr Biologieunterricht in der Schule vielleicht nicht der beste war.

Natürlich kann man auch Fachleute zu Rate ziehen. Doch sollte Ihnen möglichst nicht das passieren, was sich neulich ein Anrufer leistete. Er stellte sich korrekt mit Namen (und als Arzt) vor und berichtete dann, er hätte einen Kolibri in seinem Garten, der von roter Blüte zu roter Blüte fliege, im Schwirrflug davor stehen bleibe, um seinen Schnabel in die Blüte zu senken. Schon beim Wort Kolibri ahnte ich: natürlich ein Taubenschwänzchen! Doch der Anrufer beharrte so auf seiner Diagnose, dass ich schließlich selbst nicht mehr ausschließen mochte … Immerhin entkommen ständig Unmengen von Exoten aus Zoos und privater Tierhaltung, besonders Vögel, die sich manchmal nur einige Tage, oft aber Monate in der Landschaft herumtreiben. Von frei herumfliegenden Kolibris hatte ich allerdings noch nie gehört. Ich legte den Fall unbefriedigt unter »Wunderliches« ab. Doch nach einigen Tagen rief mich der Doktor wieder an und gestand kleinlaut, sein Blütenbesucher sei doch ein Falter und kein Vogel. (Danke, Doktor!)

Geduld und Ruhe

Man kann Tiere (und Pflanzen) wie Kunstwerke betrachten und bewundern. Und man kann Tiere (und Pflanzen über längere Zeiträume) beobachten, ihr Verhalten, ihre Lebenstrategien verfolgen. Schließlich kann man sich Tieren und Pflanzen auf naturwissenschaftliche Art nähern, kann versuchen, Regel- und Gesetzmäßigkeiten, Ordnungen im bunten Durcheinander zu entdecken. Auf welche Art und Weise wir uns am Reichtum der Formen, Farben, Laute, Verhaltensweisen und Interaktionen der Organismen erfreuen und von ihnen lernen, hängt von unseren individuellen Veranlagungen und Bedürfnissen ab. Dem einen ist Natur Entspannung wie Musik, dem anderen spannendes Erlebnis, dem Dritten ein anspruchsvolles Kreuzworträtsel – und für manchen ist sie alles zusammen.

Das Betrachten und Beobachten von Pflanzen und Tieren hat für immer mehr Menschen auch eine Art therapeutische Bedeutung. Die konzentrierte Zuwendung zu etwas unserem sonstigen Lebensumfeld so anders Gegenüberstehenden, etwa eine an ihrem Netz arbeitende Spinne, eine in behutsamen Wel-

Spinnen sind nicht jedermanns Sache. Wer aber einmal einer Kreuzspinne beim Bau ihres Radnetzes zugeschaut hat, wird zumindest einen gewissen Respekt für sie aufbringen.

len sich fortbewegende Raupe, kann so erholsam sein wie eine kleine Reise oder der Besuch eines Konzerts. Und da solch kleine Abenteuer ohne jeglichen Aufwand im eigenen Garten möglich sind, wird verständlich, warum sich der Garten heute wie seit Jahrhunderten so großer Beliebtheit erfreut. Wir sollten ihn nicht zur Fortsetzung des alltäglichen Arbeits- und Leistungsstresses missbrauchen, zumindest Gartenarbeit stets als meditatives Tun begreifen, und auf jeden Fall der bloßen Wahrnehmung, der kontemplativen Versenkung viel Raum lassen. Auch Menschen, die (wie der Autor) eher zur Ungeduld neigen, können »am Busen der Natur« die Erfahrung machen, wie gut es tut, einmal nicht ständig in Aktion zu sein, sondern mit Geduld und Ruhe sich ganz der Beobachtung hinzugeben, gewissermaßen in einen stummen Dialog mit der Natur zu treten. Dabei muss man sich vor allem hüten, ständig eingreifen zu wollen, etwa eine hübsche Florfliege aus einem Spinnennetz zu retten oder eine Wespe von der Marmelade zu verscheuchen – statt Spinne und Wespe beim Fressen zuzuschauen. Da muss man sich immer wieder sagen: Die Natur braucht uns nicht (höchstens zum Schutz vor Menschen). Wenn wir lernen, zum stillen, zurückhaltenden Naturbeobachter zu werden, dann werden wir nicht nur mehr und viel Unverhofftes erleben, wir können damit auch unsere Toleranz anderen Menschen und fremden Sitten gegenüber schulen – besonders empfehlenswert für junge Mütter, die meinen, ständig das Leben ihres Kindes retten zu müssen.

Vögel bestimmen

Doch schweifen wir nicht in die Kindererziehung ab, sondern stellen wir uns die Frage, die jedem Naturbeobachter früher oder später unweigerlich kommt: Was ist das überhaupt für ein Tier? Wie heißt der Vogel dort auf dem Gartenzaun? Wie unterscheidet man Distelfalter und Landkärtchen? (Um nicht ins Uferlose zu geraten, müssen wir uns hier auf die beiden wichtigsten Tiergruppen im Garten, Vögel und Insekten, beschränken.)

Zwar ist die Benennung von Pflanzen und Tieren keineswegs die Voraussetzung für ein intensives Naturerleben. Doch sobald man sich für etwas mehr interessiert, möchte man (1) mehr darüber wissen und (2) mit anderen darüber sprechen können. Das in Büchern oder im Internet zu findende naturkundliche Wissen sollte man auf jeden Fall nutzen, denn so manche Beobachtung entfaltet erst ihren ganzen Reiz, wenn wir mehr über das Objekt unseres Interesses erfahren. Besonders die größeren Zusammenhänge in Raum und Zeit – Beispiele: Wohin ziehen die Schwalben im Winter? Wie sehen die Raupen des Schwalbenschwanzes aus und was fressen sie? – erschließen sich einem ja oft erst durch ausgiebige Studien, also in der Regel nur dem Spezialisten.

Vögel sind nicht zuletzt deswegen eines der beliebtesten Beobachtungsobjekte (in Großbritannien, USA oder Skandinavien noch viel mehr als in Mitteleuropa), weil sie bis auf wenige Ausnahmen tagaktiv, auffällig und daher (mit einem Fernglas) leicht beobachtbar sind. Hinzu kommt selbstverständlich, dass sie durch hübsche Federkleider, lebhaftes Verhalten und vor allem durch ihre Gesänge den meisten Menschen ausgesprochen sympathisch sind. Vögel bestimmt man nicht nur, wie fast alle Pflanzen und Tiere, nach ihrem Aussehen, man kann sie auch anhand ihrer Stimme identifizieren. Meistens beginnt man mit dem Aussehen.

Eine bei Anfängern beliebte Methode besteht darin, ein Buch mit Vogelabbildungen so lange zu durchblättern, bis man den zu bestimmenden Vogel gefunden hat. Die meisten Vogel-Bestimmungsbücher bilden aber Brut- und Gastvögel eines großen Gebietes (z. B. Europas) ab – und da hat man es dann schnell mit mehreren hundert Arten zu tun. Und da Vögel der gleichen Art je nach Geschlecht, Alter und Jahreszeit oft verschiedene Kleider tragen, wird man auf diesem Weg selten fündig. Es empfehlen sich

Die Schnabelform der Vögel verrät viel über ihre Ernährungsgewohnheiten: Der kräftige Knackerschnabel des Grünlings lässt auf härtere Körnerkost schließen.

zuvor andere Auswahlverfahren, beispielsweise

- nach der Größe,
- nach Gestaltmerkmalen,
- nach dem Lebensraum,
- nach der Jahreszeit.

Die Größe von Vögeln ist gar nicht so leicht festzustellen. Besonders, wenn sie in der Luft sind und Größenvergleiche fehlen, kann man sich sehr verschätzen. Am besten gelingt ein direkter Vergleich mit bekannten Vogelarten.

Nun gehören die meisten der in Gärten anzutreffenden Vogelarten zur Größenordnung »Sperling« bzw. etwas kleiner oder etwas größer. Da lohnt es sich dann, auf ein Gestaltmerkmal zu achten, das die Gruppe der »Sperlingsvögel« in zwei Untergruppen teilt: die Schnabelform. Die Insektenfresser haben dünne, zierliche Schnäbel, die Körnerfresser kräftige, an der Basis oft dicke, daher konische Schnäbel. Zu den Vögeln mit kräftigen Schnäbeln gehören neben dem Sperling selbst alle Finken und Ammern. Zu den Vögeln mit dünnen Schnäbeln zählen Schwalben, Stelzen, Zaunkönige, Braunellen, Rotschwänzchen, Rotkehlchen, Drosseln, Grasmücken, Laubsänger, Fliegenschnäpper – fast alles Arten, die durch zwei weitere Eigenschaften gekennzeichnet sind: durch guten bis ausgezeichneten Gesang und dadurch, dass sie (als Insektenfresser!) im Winter meist abwandern, also Zugvögel sind. Zwischen beiden steht die Gruppe der Meisen, Kleiber und Baumläufer, die sich im Sommer überwiegend fleischlich, im Winter hauptsächlich vegetarisch ernähren.

Da sich diese Gruppen nicht nur äußerlich unterscheiden, sondern auch verwandtschaftlich (systematisch), findet man sie in den meist systematisch geordneten Bestimmungsbüchern relativ leicht, nämlich im zweiten Teil (Sing- oder Sperlingsvögel), wo zuerst die »Dünnschnäbel« (von Lerchen bis Grasmücken) und ganz am Ende die Sperlinge, Finken und Ammern mit den kräftigen Schnäbeln abgebildet sind. (Dazwischen Meisen, Rabenvögel und einige andere.)

Bei der Artbestimmung geht es zunächst oft mehr um ein Ausschlussverfahren. Welche Arten kommen wahrscheinlich nicht in Frage? Dabei spielt der Lebensraum eine wichtige Rolle. Obwohl Vögel ja sehr mobil sind, trifft man etwas spezialisiertere Arten so gut wie nie in bestimmten Lebensräumen. Einen Kiebitz oder eine Feldlerche wird man ebensowenig in einem Wald finden wie eine Tannenmeise oder ein Goldhähnchen auf einem Acker. Für Vögel im Garten taugt dieses Kriterium jedoch aus zwei Gründen nur bedingt: (1) Gärten sind einerseits zu ähnliche, andererseits zu verschiedene Lebensräume, (2) gehören die meisten Gartenvögel nicht zu den ökologischen Spezialisten, sondern zu den »Ubiquisten« (in verschiedenen Biotopen lebende Arten). Immerhin sollte man die Hinweise auf den bevorzugten Lebensraum und die geografische Verbreitung einer Vogelart in den

Rotkehlchen haben einen typischen Insektenfresser-Schnabel – mit dem sie im Winter allerdings auch kleinere Sämereien aufpicken, während andere Insektenfresser es vorziehen, im Winter ihrer Beute gen Süden nachzuziehen.

Bestimmungsbüchern beachten. Dann kann es einem nicht passieren, dass man einen Spatz als Grauammer oder Türkenammer bestimmt.
Ein gutes Ausscheidungskriterium ist hingegen die Jahreszeit. Wie gesagt, wandern viele Gartenvögel (Insektenfresser) im Herbst ab und kehren erst zwischen März und Mai zurück. Auch wenn es da große Unterschiede etwa zwischen den praktisch zu 100% fortziehenden Schwalben und Grasmücken und den nur teil- oder gebietsweise abwandernden Stieglitzen und Heckenbraunellen gibt, kann man bei Beachtung dieses Merkmals doch so manche Fehlbestimmung zumindest im Winterhalbjahr vermeiden.
Schließlich darf ein besonderes, oft ausschlaggebendes Bestimmungsmerkmal nicht unerwähnt bleiben, auch wenn wir in diesem Rahmen nicht ausführlicher darauf eingehen können: die Stimmen der Vögel. Besonders die oft sehr charakteristischen Vogelgesänge erleichtern oder ermöglichen einem erst die Bestimmung – vor allem in zwei prekären Situationen: Wenn sich zwei Arten sehr ähnlich sehen (Beispiel Zilpzalp und Fitis) oder wenn andere Merkmale schlecht oder gar nicht zu sehen sind.
Das Erlernen der Vogelgesänge ist eine Frage der (jahrelangen) Übung – und wohl auch ein wenig des Talents. Zum Überprüfen einer auf anderen Merkmalen beruhenden Bestimmung sind aber die heute überall erhältlichen Vogelstimmen-CDs ein ausgezeichnetes Hilfsmittel.

Insekten einordnen

Die Vielfalt der Insekten ist so groß und verwirrend, dass hier eine Vorsortierung nach Gruppen noch unerlässlicher ist als bei den Vögeln. Von den in Mitteleuropa lebenden rund 30 000 Insektenarten kommt selbstverständlich nur ein Bruchteil in Gärten vor. Trotzdem kann ich nur empfehlen, sich zunächst einmal mit den Merkmalen der wichtigsten Gruppen vertraut zu machen. In vielen Fällen wird man sich überhaupt mit einer Gruppenzuordnung begnügen, da eine Unterscheidung der Gattungen und Arten oft nur dem Spezialisten möglich ist. In der folgenden Liste beschränke ich mich auf die am häufigsten in Gärten zu beobachtenden Gruppen.

<u>Flügellose Insekten:</u>
Kleine bis winzige Tiere mit 6 Beinen und gegliedertem Körper, die hauptsächlich im Boden und in der Bodenstreu leben. Beispiele: Springschwänze, Doppelschwänze, Silberfischchen. Die im gleichen Lebensraum anzutreffenden Kleintiere mit 8 Beinen sind meist Milben oder auch Zecken (Spinnentiere).

<u>Geflügelte Insekten mit unvollständiger Verwandlung:</u>
Die Jugendstadien sind den erwachsenen Tieren ähnlich, tragen allerdings keine oder nur unvollständig entwickelte Flügel; es gibt kein Puppenstadium.

Zu den Laubheuschrecken mit den langen Fühlern gehört auch das Grüne Heupferd. Die Larve auf dem Foto gleicht bereits dem ausgewachsenen Tier, lediglich die langen Flügel fehlen – Zeichen der unvollständigen Verwandlung bei Heuschrecken.

Feldheuschrecken: 15–25 mm große, in naturnahen Wiesen oft sehr zahlreiche Heuschrecken in verschiedenen Farben mit kurzen Fühlern; rhythmisch sägende Lauterzeugung mit Beinen und Flügeln. Etwa 60 Arten in Mitteleuropa. Beispiele: Gewöhnlicher, Brauner, Blutroter, Bunter, Weißstreifiger Grashüpfer, Rote Keulenschrecke, Sumpfschrecke.
Laubheuschrecken: Bis 35 mm große, meist grüne, mehr vereinzelt auch auf Büschen und Bäumen lebende Heuschrecken mit sehr langen Fühlern; Weibchen mit langem Legestachel; hoch und ausdauernd sirrende Gesänge werden nur mit den Flügeln erzeugt. Beispiele: Heupferd, Strauch-, Beiß-, Zart-, Schwert-, Eichenschrecke.
Grillen: 20–25 mm große, braun und schwarz gefärbte Tiere mit langen Fühlern und nur mäßig entwickelten Springbeinen. Laubheuschrecken und Grillen zusammen (Langfühlerschrecken) etwa 80 Arten in Mitteleuropa. Beispiele: Maulwurfs-, Feld-, Wald-, Hausgrille (Heimchen).
Ohrwürmer: 5–15 mm große braune Insekten mit Hinterleibszangen, die oft flügellos erscheinen, da ihre vielfach gefalteten Flügel in der Ruhe unter sehr kurzen Deckflügeln versteckt sind. 7 Arten in Mitteleuropa. Beispiele: Gewöhnlicher und Kleiner Ohrwurm.
Eintagsfliegen: Kleine bis große Insekten mit 2–3 langen, fadenförmigen Hinterleibsanhängen; durchsichtige Vorderflügel groß, Hinterflügel klein oder fehlend; Larven leben im Wasser. Beispiele: Dänische Eintagsfliege (die meisten der knapp 70 mitteleuropäischen Arten haben keinen deutschen Namen).
Libellen: Große und kleinere, oft farbenprächtige Insekten mit 2 Paar etwa gleich großen, durchscheinenden Flügeln und langem, meist stabförmigem Hinterleib; Larven leben im Wasser. 80–100 Arten in Mitteleuropa. Beispiele: Blaugrüne Mosaikjungfer, Keilflecklibelle, Blaupfeil, Plattbauch, Blutrote Heidelibelle, Gebänderte Prachtlibelle, Azurjungfern.
Wanzen, Blattläuse und **Zikaden** (Schnabelkerfe): Insekten mit saugenden Mundwerkzeugen. Die an Pflanzen lebenden Blattwanzen sind oft kräftig gefärbt (z. B. schwarz-rot), in oder auf dem Wasser lebende Wanzen sind meist bräunlich; Blattläuse und Zikaden haben meist durchsichtige, manchmal keine Flügel. In Mitteleuropa etwa 800 Arten von Wanzen, 850 Arten von Blattläusen, 180 Arten von Schildläusen und 500 Arten von Zikaden. Beispiele: Feuerwanze, Grüne Baumwanze, Stachelwanze, Rückenschwimmer, Wasserläufer, Rosenblattlaus, Schwarze Bohnenblattlaus, Blutzikade, Schaumzikade.

Geflügelte Insekten mit vollständiger Verwandlung:

Die Jugendstadien haben mit den erwachsenen Tieren keine Ähnlichkeit und tragen auch keine Flügelstummel (Beispiele: Fliegenmaden, Käferengerlinge, Schmetterlingsraupen).

Netzflügler: Mittelgroße, räuberische Insekten mit 2 mehr oder weniger durchsichtigen, manchmal gefleckten, reich geäderten, ziemlich gleichförmigen Flügelpaaren, die in der Ruhe dachförmig getragen werden. In Mitteleuropa einige Dutzend Arten. Beispiele: Florfliege, Blattlauslöwe, Ameisenjungfer, Bachhaft.

Schmetterlinge: Artenreiche Gruppe von Insekten, die man in Tag- und Nachtfalter oder Groß- und Kleinschmetterlinge unterteilt. Die Flügel sind mit farbigen Schuppen bedeckt, das hintere Flügelpaar ist meist kleiner, in der Ruhe werden die Flügel hochgeklappt (Tagfalter) ausgebreitet gehalten oder dachförmig über dem Hinterleib zusammengelegt (Nachtfalter). Die Spannweite reicht von wenigen Millimetern bis 75 mm. Die Larven werden Raupen genannt. Über 3000 Arten in Mitteleuropa. Beispiele (Familien): Weißlinge, Ritterfalter, Dickkopffalter, Edelfalter, Augenfalter, Bläulinge, Schwärmer, Spinner.

Mücken: Das hintere Flügelpaar ist zurückgebildet (Zweiflügler), die Flügel sind durchsichtig, der Körper ist schlank, die Beine oft lang. Beispiele: Stechmücke, Zuckmücke, Haarmücke, Wiesenschnake.

Fliegen: Wie die Mücken nur mit 1 Paar meist durchsichtiger Flügel; Körper und Beine meist kräftig und gedrungen. Die Larven werden Maden genannt. Mücken und Fliegen zusammen (Zweiflügler) sind in Mitteleuropa mit 7000–8000 Arten vertreten. Beispiele: Stubenfliege, Fleischfliege, Schmeißfliege, Wadenstecher, Dungfliege, Bremsen, Schwebfliegen, Fruchtfliegen, Essigfliegen.

Käfer: Sehr artenreiche Gruppe von Insekten, deren oft schön gefärbte Vorderflügel als verhärtete Deckflügel dem Schutz und kaum noch dem Fliegen dienen. Larven sehr verschieden (z. B. Engerlinge, Drahtwürmer, räuberische Gelbrandkäfer-Larve). Etwa 6000 Arten in Mitteleuropa. Beispiele: Sandlaufkäfer, Laufkäfer, Schwimmkäfer, Wasserkäfer, Aaskäfer, Kurzflügler, Prachtkäfer, Hirschkäfer, Mistkäfer, Maikäfer, Weich- und Leuchtkäfer, Pochkäfer, Mehlkäfer, Marienkäfer, Bockkäfer, Blattkäfer, Rüsselkäfer.

Hautflügler: Winzige bis große Insekten mit gewöhnlich 2 durchsichtigen Flügelpaaren, von denen das vordere deutlich größer ist; Vorder- und Hinterflügel sind durch Häkchen verbunden. Die meisten besitzen eine ausgeprägte »Wespentaille«, die fehlt nur den Blatt-, Halm- und Holzwespen. Mehrere (hochentwickelte) Gruppen bilden Staaten. Die Larven verschiedener Arten (z. B. Schlupfwespen) leben parasitisch in anderen Insektenlarven und tragen dadurch zum ökologischen Gleichgewicht bei; Nektar- und Pollensammler wichtig für die Blütenbestäubung. In Mitteleuropa etwa 700 Arten Blatt-, Halm- und Holzwespen, 10 000 Arten von Schlupf- und Gallwespen sowie über 1000 Arten von Goldwespen und Stechimmen (Bienen, Hummeln, Wespen, Ameisen). Beispiele: Gewöhnliche Wespe, Hornisse, Wegwespe, Honigbiene, Mauerbiene, Erdhummel, Ameisen.

Die Larve ähnelt dem erwachsenen Marienkäfer nicht im Geringsten. Erst nach einem Ruhestadium, der so genannten Puppe, schlüpft der fertig entwickelte Käfer – wie seine Larve ein eifriger Blattlausjäger.

WELCHE TIERE KOMMEN IN DEN GARTEN?

Das Spektrum der in Gärten zu beobachtenden Tiere ist so groß – es reicht ja vom Regenwurm bis hin zu Buntspecht oder sogar Kaninchen oder Fuchs –, dass ich schon Bedenken mit dem Verb der Überschrift habe. Säugetiere und Vögel können tatsächlich in den Garten »kommen«, sei es besuchsweise oder auch für längere Zeit. Auch Schmetterlinge und andere geflügelte Insekten kommen zu bestimmten Zeiten in unsere Gärten und verlassen sie wieder, nachdem sie an den Blüten der Gartenblumen Nektar gesaugt, an Blättern genagt oder ihre Eier abgelegt haben.

Von vielen anderen Gartentieren haben wir in der Regel aber keine rechten Vorstellungen davon, wie sie in den Garten kommen.

Schon beim Maulwurf fängt das Rätselraten an. Graben sie sich unterirdisch über Grundstücksgrenzen hinweg bei uns ein? Oder laufen sie nachts über Straßen und Wege und erobern sich auf diese Weise neue Reviere? Und wie ist das bei Fröschen oder Eidechsen? Zwar können die bekanntlich recht ordentlich laufen und hüpfen – aber können sie auch all die befestigten Flächen um unsere Gärten, können sie Mauern und Zäune überwinden?

Tatsächlich ist die Art und Weise, in der Tierpopulationen sich ausbreiten, ein interessantes Studienobjekt. Ist es nicht erstaunlich, wie schnell neu angelegte Gärten besiedelt werden von Regenwürmern, Kellerasseln, Spinnen und anderen Tieren, denen man größere Ortsbewegungen kaum zutrauen möchte? Spinnen beispielsweise benutzen einfach ihre in den Wind gehängten Spinnfäden, um sich von einem Ort zum andern tragen zu lassen – natürlich nur, wenn sie noch klein und leicht sind.

Nicht minder interessant ist die Frage, woher denn die Tiere kommen, denen wir im Garten begegnen. Hierzu habe ich schon einiges im Abschnitt »Das Umfeld des Gartens« gesagt. Es ist ja ganz klar, dass ein am Waldrand liegender Garten ganz andere Besucher bekommt als ein mitten in der Ortschaft liegender. Mit Reh, Fuchs und Hase ist im städtischen Kleingarten kaum zu rechnen, wogegen Steinmarder, Kaninchen und Igel sich schon ganz schön an den Menschen und seine Umgebung gewöhnt haben. (Mancherorts übrigens auch der schlaue Fuchs.) Die meisten Gartentiere kommen also aus der näheren und weiteren Umgebung – und von deren Beschaffenheit (und von der des Gartens) hängt es ab, welche Tiere unsere Gärten aufsuchen.

Zuletzt noch ein Wort zur Auswahl und Reihenfolge der im Folgenden behandelten »Gartentiere«. Autor und Verlag haben sich sehr bemüht, die häufigsten, verbreitetsten und auffallendsten großen und kleinen Tiere auszuwählen, die in Gärten vorkommen können. Natürlich hätte man die Liste noch sehr verlängern können – vor allem, wenn wir noch mehr in die Welt der im Boden lebenden Winzlinge vorgedrungen wären. Weggelassen (gegen den Protest des Autors) haben wir die weniger sympathischen Tiere, wie etwa Wühlmaus, Maulwurfsgrille oder Blattlaus. Wir hoffen, Sie vermissen sie nicht! Von den Vögeln haben wir nur die allerhäufigsten aufgeführt. Wer sich speziell für sie interessiert, sei auf den in gleicher Ausstattung erschienenen Band »Vogelparadies Garten« verwiesen. Bei der Reihenfolge – Sie werden es bemerken – haben wir uns erlaubt, die wissenschaftliche Systematik auf den Kopf zu stellen und mit den höheren Tieren (Säugetieren) zu beginnen und mit den »niederen« Tieren (Schnecken und Würmern) zu enden. Wer ein bestimmtes Tier sucht, sollte nicht nur das Inhaltsverzeichnis, sondern auch das Register zu Rate ziehen.

Der hübsche grün-schwarze Wasser- oder Teichfrosch lebt – im Gegensatz zu den Braunfröschen – ganzjährig am und im Wasser.

Steinmarder (Hausmarder)

Martes foina

➤ **Aussehen**

Körper 42–48 cm, Schwanz 20–25 cm, Gewicht 800–1200 g (Männchen schwerer als Weibchen). Vom ähnlichen **Baummarder** *(Martes martes)* unterscheidet sich der Steinmarder durch einen plumperen Körper mit kürzeren Beinen, ein starreres Fell und vor allem durch einen weißen, unten oft bis in die Beine gespaltenen Kehl-Brust-Latz. Der etwas größere, aber schlankere Baummarder hat einen gelben Latz und größere, von vorne gelbe Ohren; außerdem lebt er nur in Wäldern und ist viel scheuer.

➤ **Vorkommen**

Steinmarder leben in ganz Festlandeuropa, von Kreta (eigene Rasse mit kleinem oder fehlendem Kehlfleck), Süditalien und Gibraltar bis an die Küsten von Nord- und Ostsee; sie fehlen auf Sizilien, Sardinien, Korsika und den Balearen sowie auf den Britischen Inseln und in Skandinavien. (Der Baummarder kommt auch in Skandinavien und Irland vor, fehlt aber in Spanien.) Bevorzugt wird Gelände mit vielen Schlupfwinkeln, wie Schluchten, Steinbrüche und felsiges Bergland (im Gebirge bis 2000 m), aber auch an Waldrändern findet man ihn und vor allem immer mehr in menschlichen Siedlungen, selbst mitten in Städten.

Wie alle Marder sind besonders junge Steinmarder sehr verspielt. Die anpassungsfähigen Tiere haben auch unsere Städte erobert.

➤ **Lebensweise**

Die dämmerungs- und nachtaktiven Tiere hoppeln in Bogensprüngen und klettern auch gut. Besonders zur Paarungszeit im Frühjahr hört man sie tockern, knurren und schreien. Berüchtigt sind Steinmarder für ihr Benagen von Bremsschläuchen und Kabeln (s. u.).

➤ **Fortpflanzung**

6 Wochen nach der Paarung werfen die Weibchen 3–8 Junge, die mit 7–8 Wochen erstmals die Nesthöhle verlassen.

➤ **Nahrung**

Stadttauben, Mäuse, Frösche, Regenwürmer.

➤ **Allgemeines**

In der Dämmerung oder im Licht von Straßenlampen oder Autoscheinwerfern kann man den Tieren relativ oft begegnen. Sie sind sehr anpassungsfähig und bedürfen keines Schutzes – eher gilt es Autos vor den scharfen Zähnen des Steinmarders zu schützen. Dafür kommen 3 Methoden in Frage:

- Ummantelung gefährdeter Schläuche (Benzinleitung, Bremsschläuche, Zündkabel),
- Anti-Marder-Spray (muss ständig erneuert werden),
- an die Batterie angeschlossener elektrischer Marderschutz (teuer, aber dauerhaft wirksam).

Siebenschläfer

Glis glis

Siebenschläfer erkennt man an ihrer ziemlich einheitlichen Graufärbung, am buschigen Schwanz – und am Radau, den sie oft machen.

➤ Aussehen

Körper 12–18 cm, Schwanz 11–15 cm, Gewicht 100–200 g. Ein oberseits graues, unterseits fast weißes Klettertier mit langem buschigen Schwanz und großen, dunkel geränderten Knopfaugen. Die Ohren sind verhältnismäßig klein. Insgesamt erinnert der Siebenschläfer an ein kleines graues Eichhörnchen mit vorquellenden Augen.

➤ Vorkommen

Fehlt im nördlichen Europa, im Norddeutschen Tiefland und in Spanien; in England nur inselartig. Laubwälder, Parks, Obstgärten sind seine bevorzugten Lebensräume.

➤ Lebensweise

Dämmerungs- und nachtaktiv, jedoch nicht so ausschließlich wie Garten- und Baumschläfer. Klettert (auch an Wänden) und springt gut und schnell. Lebt gesellig in Familientrupps und bevölkert oft Dachböden und Vorratsspeicher. Durch ihr Herumspringen und Meckern, Knurren, Schnarchen und Quieken können Siebenschläfer nachts einen ziemlichen Radau machen. Der Winterschlaf dauert bei uns gewöhnlich von Oktober bis April (7 Monate!) und wird bei stark reduzierter Körpertemperatur und Herzfrequenz in selbst gebauten Nestern aus Moos in Gebäuden oder Erdhöhlen verbracht.

➤ Fortpflanzung

In Baum- und Mauerhöhlen, Nistkästen und alten Vogelnestern wirft das Weibchen 30–32 Tage nach der Paarung 4–6 Junge.

➤ Nahrung

Samen, Nüsse, Früchte, Rinde, Insekten, Vogeleier und Jungvögel.

➤ Allgemeines

Die Familie der Bilche oder Schläfer gehört zu den Nagetieren. Von den 4 bei uns vorkommenden Arten ist der Siebenschläfer die häufigste und auffälligste Art. Ganz ähnlich verbreitet wie der Siebenschläfer ist der kleine **Gartenschläfer** *(Eliomys quercinus)*, dessen Fell aber gelblich-bräunlich und dessen Schwanz relativ kurzhaarig ist; sein Körper misst 10–17 cm, der Schwanz 9–12 cm, das Gewicht liegt zwischen 45 und 120 g. Der kleinste Vertreter der Familie ist die braune **Haselmaus** *(Muscardinus avellanarius)*: Körper 6–9 cm, kurzhaariger Schwanz 6–8 cm, Gewicht 15–40 g. Sie baut sich in niedrigem Geäst (und in Nistkästen) runde Nester mit seitlichem Einschlupf.

Hübscher, kleiner, seltener als der Siebenschläfer ist sein naher Verwandter, der Gartenschläfer.

Eichhörnchen

Sciurus vulgaris

➤ Aussehen

Körper 20–25 cm, Schwanz 15–25 cm, Gewicht 300–400 g. Die Gestalt des kleinen Nagers mit dem buschigen Schwanz und den Haarbüschelohren dürfte allgemein bekannt sein. Verschieden sind die Farben: Das Sommerfell ist meistens lebhaft rotbraun mit hellem Bauch, das Winterfell dunkler; manche Tiere sind dunkelbraun bis schwarz. Außerdem treten nicht selten weiße Hörnchen mit roten Augen (Albinos) auf. Bei den in Großbritannien lebenden Eichhörnchen (soweit sie nicht von den kräftigeren Grauhörnchen verdrängt sind) verblasst der Schwanz im Lauf des Winters und ist zum Sommer hin fast weiß.

➤ Vorkommen

Ganz Europa, außer auf den Mittelmeerinseln. Nadel- und Laubwälder mit Unterholz, Parks und Gärten.

Eichhörnchen kennt jeder, weil sie tagaktiv und zutraulich sind. Neben den rötlichen gibt es braune und fast schwarze.

➤ Lebensweise

Die lebhaften Tiere sind tagaktiv und leben meist als Einzelgänger. Sie klettern und springen ausgezeichnet, laufen Stämme sogar kopfunter hinunter. Ihr kugelförmiges Nest (Kobel) wird hoch im Geäst aus Zweigen gebaut und innen mit Moos, Gras und Haaren gepolstert. Ein Winterschlaf wird nicht gehalten, die Tiere verbringen dann aber viel Zeit in ihrem Kobel und gehen oft nur alle paar Tage auf Nahrungssuche.

➤ Fortpflanzung

Nach einer Tragzeit von 38 Tagen wirft das Weibchen (gelegentlich 2-mal im Jahr) 3–5 blinde und nackte Junge. Im Alter von 2 Monaten verlassen sie das Nest und werden bald danach selbstständig.

➤ Nahrung

Nüsse und andere Baumsamen, Beeren, Pilze, Insekten und Jungvögel. Im Herbst werden kleine Vorräte im Boden verscharrt oder in Baumritzen versteckt.

➤ Allgemeines

An den geschälten Fichtenzapfen kann man die Anwesenheit von Eichhörnchen leicht feststellen. In Parks oder Gärten werden sie oft zahm und nehmen Futter aus der Hand. Die Paarungsspiele kann man bereits an milden Wintertagen beobachten. Der Anschein des possierlich Nüsse knabbernden Vegetariers trügt: Eichhörnchen sind sehr eifrige und geschickte Vogelnesträuber, die sich auch noch über ziemlich große Vogeljunge und jedes Gelege hermachen.

Die Familie der Hörnchen zählt zu den Nagetieren. Neben dem Eichhörnchen lebt auf den Britischen Inseln das aus Nordamerika eingeführte und inzwischen dort dominierende **Grauhörnchen** *(Sciurus carolinensis)*.

Maulwurf

Talpa europaea

Obwohl Maulwürfe häufig sind, bekommt man sie nicht oft zu sehen. Lichtscheu und fast blind, verlassen sie ihre Gänge meist nur nachts.

➤ Aussehen

Körper 13–15 cm, Schwanz 2–3 cm, Gewicht 65–120 g. Die Schnauze ist rüsselartig zugespitzt, die Vorderbeine sind zu kräftigen Grabschaufeln mit langen platten Nägeln umgebildet, die Augen haben nur die Größe eines Stecknadelkopfes, die Ohrmuscheln verschwinden im dichten, fast schwarzen (manchmal hellen) Fell. Der Körper des Maulwurfs ist walzenförmig, ohne erkennbaren Absatz zwischen Kopf und Rumpf, und damit bestens für die grabende Lebensweise im Boden geeignet.

➤ Vorkommen

In fast ganz Europa, fehlt in Irland sowie im mittleren und nördlichen Skandinavien. Ist in den verschiedensten Lebensräumen – vom Wald bis an die Küste – und Böden zu Hause, meidet nur reinen Sand; im Gebirge bis 2000 m.

➤ Lebensweise

Lebt in selbst gegrabenen, querovalen Erdgängen, aus denen er Erdhaufen aufwirft, die feinkrümeliger sind als die der Schermaus. Kommt jedoch auch an die Oberfläche und klettert und schwimmt gut und freiwillig. Beim Laufen setzt er für jeden Schritt der Hinterfüße die Vorderfüße zweimal auf. Das Winterquartier ist ein Nest in 40 cm Tiefe unter einem großen Erdhaufen. Von diesem Nestraum geht ein System von verzweigten Gängen aus, das ihm auch im Winter die Jagd auf Bodentiere gestattet. Stimme: Piepen und leises Zwitschern, im Kampf und bei Gefahr ein lautes, abgehacktes Zetern.

➤ Fortpflanzung

Nach einer Tragzeit von 4–6 Wochen baut das Weibchen ein unterirdisches Nest aus trockenem Laub und Gras und wirft zwischen April und Juni zweimal 3–6 Junge. Die Jungen sind 3 Wochen blind und werden 4 Wochen gesäugt.

➤ Nahrung

Regenwürmer, Insektenlarven und Schnecken, von denen er täglich fast sein halbes Körpergewicht verzehrt.

➤ Allgemeines

Meist sind nur Tiere beim Sammeln von Nistmaterial oder auswandernde Jungtiere oberirdisch zu beobachten. Im Garten kann der Maulwurf zwar durch seine Wühlerei und besonders durch seine Erdhaufen lästig werden, im Übrigen macht er sich aber durch die Vertilgung von Maulwurfsgrillen, Erdschnakenlarven und anderer Wurzelschädlinge sowie Schnecken durchaus nützlich. Die Familie der Maulwürfe gehört mit Igeln und Spitzmäusen zur Ordnung der Insektenfresser, die urtümlichsten heute lebenden Vertreter der höheren Säugetiere, die bereits in der Kreidezeit lebten und als Vorfahren aller höheren Säuger gelten.

Die winzigen Zwergfledermäuse sind noch einigermaßen häufig bei uns; am Tag verstecken sie sich in Baumhöhlen, aber auch hinter Fensterläden und Verschalungen.

Zwergfledermaus

Pipistrellus pipistrellus

➤ Aussehen

Mit einer Körperlänge von 33–50 mm, einer Schwanzlänge von 26–33 mm, einer Spannweite von 19 cm und einem Gewicht von 3–8 g ist die Zwergfledermaus unsere kleinste Fledermaus. Gleichwohl ist sie robust gebaut, hat kurze und breite Ohren und ist ziemlich dunkel und eintönig gefärbt. Sehr ähnlich, aber viel seltener sind **Rauhaut-Fledermaus** *(Pipistrellus nathusii)* und **Alpenfledermaus** *(Pipistrellus savii)*. Die Zwergfledermaus gehört zur Familie der Glattnasen, deren Schnauze keine Anhängsel trägt. Nur der letzte Schwanzwirbel ragt frei aus der Schwanzhaut.

➤ Vorkommen

Ganz Europa, fehlt nur im nördlichen Skandinavien. Oft in der Nähe menschlicher Siedlungen, aber auch in lockeren Baumlandschaften; im Gebirge bis 2000 m.

➤ Lebensweise

Fliegt meist kurz nach Sonnenuntergang aus; im frühen Frühjahr sieht man sie auch tagsüber fliegen, nie jedoch bei Regen. Zwitschert häufig im Flug. Die geselligen Tiere haben ihr Sommerquartier in Gebäuden, hinter Fensterläden und Verschalungen, in Baumhöhlen und hinter Rinde; ähnlich sind die Winterquartiere beschaffen, die in Schwärmen bezogen werden, auch in Felsspalten.

➤ Fortpflanzung

Nach der Paarung im April/Mai und einer Tragzeit von etwa 45 Tagen kommt das einzige Junge Ende Juni/Anfang Juli zur Welt; es kann im Alter von 3 Wochen fliegen.

➤ Nahrung

Nächtliche Fluginsekten.

➤ Allgemeines

Man trifft die kleinen Nachtflieger recht häufig bei ihren Jagdausflügen oder in ihren Verstecken an und im Haus, manchmal fliegen sie auch in Wohnräume. Die in Mitteleuropa in ihrem Bestand gefährdeten Tiere verdienen wie alle Fledermäuse unseren unbedingten Schutz und unsere Förderung. Schlafstellen, Wochenstuben und Winterquartiere sollten auf keinen Fall gestört werden. Lässt sich dies nicht vermeiden oder werden verletzte Tiere gefunden, sollte man die nächste Geschäftsstelle eines Natur- oder Vogelschutzvereins benachrichtigen.

Die den Insektenfressern nahe stehende Ordnung der Fledertiere umfasst die beiden Gruppen der Fledermäuse und Flughunde. Sie sind die einzigen zu aktivem Flug fähigen Säugetiere. In der Ruhestellung hängen Fledermäuse kopfabwärts mit zusammengefalteten Flughäuten an den Krallen der Hinterzehen.

Großes Mausohr

Myotis myotis

➤ Aussehen
Mit einer Körperlänge von 7–8 cm, einer Schwanzlänge von 5–6 cm, einer Spannweite von 40 cm und einem Gewicht von 30–40 g gehört das Mausohr mit Bulldoggfledermaus und dem Abendsegler zu unseren größten Fledermäusen. Man kann die Art schon an ihrer Größe und ihrem langsam rudernden Flug erkennen. Ihr Körperfell ist oberseits graubraun, unterseits weißgrau. Ihre ungewöhnlich großen Ohren machen ihrem Namen alle Ehre. Sie haben, wie bei den meisten Fledermäusen, einen auffallenden Deckel (Tragus), dessen Form zur Bestimmung der Arten von Nutzen ist.

➤ Vorkommen
Süd- und Mitteleuropa bis zur Nordseeküste. Bevorzugt im Sommer Dachstühle, Gewölbe, Grotten, Fels- und Baumhöhlen; Winterquartier ebenfalls in Höhlen und Kellern.

➤ Lebensweise
Eine spät am Abend ausfliegende Art, die man kaum in der Dämmerung antrifft. Die geselligen Tiere bilden, wo es sie noch gibt, im Sommer große Kolonien. Die Wanderungen zwischen Sommer- und Winterquartier können sich über 250 km erstrecken. Die Winterquartiere müssen eine relative Luftfeuchtigkeit von 80–100%, eine Temperatur von 4–7 °C aufweisen und dürfen nicht zugig sein.

➤ Fortpflanzung
Im Mai/Juni trennen sich die Weibchen von den Männchen und bringen nach einer Tragzeit von 60–70 Tagen in trocken-warmen »Wochenstuben« gemeinsam ihr Junges zur Welt. In den Wochenstuben versammeln sich manchmal bis zu 500 Weibchen, die in dicht gedrängten Gruppen frei an der Decke hängen. Ab Juli/August leben Weibchen und Junge wieder mit den Männchen in einer gemeinsamen Kolonie; im Alter von 2 Monaten sind die Jungen selbstständig.

➤ Nahrung
Nächtliche Fluginsekten, hauptsächlich Nachtschmetterlinge und Käfer, aber auch Weberknechte, Spinnen und Heuschrecken.

➤ Allgemeines
Obwohl an Größe und Flug leicht zu erkennen, sind sie schwer zu beobachten, weil sie nur 4–5 Stunden bei völliger Dunkelheit fliegen. Die Art ist besonders durch Veränderungen der Lebensräume, z. B. die Beseitigung von Feuchtgebieten, gefährdet. Weitere Faktoren sind die Beunruhigung oder Zerstörung der Quartiere, insbesondere durch Modernisierung und Renovierung von Gebäuden.
Das nah verwandte **Kleine Mausohr** *(M. oxygnathus)* lebt in ähnlichen Lebensräumen Südeuropas und ist nur schwer vom Großen Mausohr zu unterscheiden.
Die Vernichtung von Wildkräutern als Lebensgrundlage vieler Insekten ist mit für den Rückgang der Fledermäuse verantwortlich.

Auch das Große Mausohr gehört zu den noch am ehesten anzutreffenden Fledermäusen. Da sie recht gesellig sind, brauchen sie Dachböden mit genügend Platz für ihre Versammlungen.

Spitzmäuse sind Insektenfresser mit spitzen Zähnen, keine Nager. Die verschiedenen Arten sehen sich irritierend ähnlich; auf dem Foto die Feldspitzmaus.

Feldspitzmaus

Crocidura leucodon

Spitzmäuse sehen zwar wie Mäuse aus, weichen aber von diesen in so vielen Eigenschaften ab, dass man sie mit Igel und Maulwurf zur Gruppe der Insektenfresser zählt und damit von den zu den Nagetieren gehörenden echten Mäusen unterscheidet. Schon äußerlich fällt die spitze, weit über die Schneidezähne vorragende Schnauze auf, der die Familie ihren Namen verdankt. Die Augen sind sehr klein, was darauf schließen lässt, dass Spitzmäuse ihre Beute vor allem mit Geruchs- und Tastsinn aufspüren. Eine äußere Ohrmuschel ist vorhanden, jedoch größtenteils im Fell verborgen.

➤ Aussehen

Körper 64–87 mm, Schwanz 28–39 mm, Gewicht 6–15 g. Ebenfalls im Garten und im Winter auch im Haus trifft man 2 weitere Arten: Von der kleineren und nur halb so schweren **Gartenspitzmaus** *(Crocidura suaveolens)* lässt sich die Feldspitzmaus relativ leicht unterscheiden, von der **Hausspitzmaus** *(C. russula)* jedoch äußerlich nur dadurch, dass deren Unterseite gräulich und nicht scharf von der Oberseite abgegrenzt ist. Die Ohrmuscheln aller 3 Arten sind ziemlich klein, ragen jedoch deutlich aus dem Fell. Die Oberseite unserer Art ist dunkel graubraun, die Unterseite braungelblich weiß und scharf von der Oberseite abgesetzt. Der kurze Schwanz ist ebenfalls zweifarbig und mit einzelnen langen Wimperhaaren besetzt.

➤ Vorkommen

Von Frankreich über ganz Mitteleuropa bis (Süd-)Osteuropa verbreitet, im Gebirge bis 1200 m; fehlt unmittelbar an den deutschen Küsten. Bevorzugt trockenes Gelände mit dichter Vegetation aus Gebüsch und Unterholz; in Wäldern, an Waldrändern und in Gärten. Im Winter findet man Feldspitzmäuse – wie andere Spitzmausarten – auch in Häusern.

➤ Lebensweise

Spitzmäuse sind hauptsächlich nachts tätig, man kann sie aber auch tagsüber beobachten. Die wendigen Tiere sind gute Kletterer. Als ausgesprochene Einzelgänger treffen sich die Geschlechter nur zur Fortpflanzungszeit und verständigen sich mit hohen Zirplauten.

➤ Fortpflanzung

In dichter, bodennaher Vegetation bauen Spitzmäuse Nester, die nicht nur der Aufzucht von Jungen, sondern auch als Schlafnester (besonders im Winter) dienen.

➤ Nahrung

Hauptsächlich Insekten, deren Larven und Puppen, aber auch andere wirbellose Kleintiere wie Asseln, Spinnen und Schnecken.

➤ Allgemeines

Aufgrund ihrer versteckten und überwiegend nächtlichen Lebensweise bekommt man Spitzmäuse selten lebend zu Gesicht, am ehesten, wenn sie sich in Kellerschächten gefangen haben. Alle Arten sind schutzwürdig.

Igel

Erinaceus europaeus

➤ Aussehen
Körper 22–28 cm, Schwanz 2–4 cm, Gewicht 450–1200 g. Sein Kleid besteht nur unterseits aus ziemlich borstigen Haaren, die Oberseite ist ganz mit etwa 2,5 cm langen Stacheln bedeckt, die gewöhnlich angelegt getragen und nur bei Gefahr gesträubt werden, wobei der Igel sich fast ganz zu einer Kugel einrollen kann.

➤ Vorkommen
Fehlt in Europa nur im nördlichen Skandinavien und auf einigen Mittelmeerinseln. Er bevorzugt trockenes Gelände mit Gebüsch, Waldränder und lichte, unterwuchsreiche Wälder, lebt auch in Gärten und Parks und geht im Gebirge bis 2000 m hoch.

➤ Lebensweise
In einem Haufennest aus Gras und Laub (oft unter Reisig, Holzstößen oder Steinhaufen) halten die Tiere von November bis April Winterschlaf. Bald danach beginnt die Paarungszeit (Brunst), die sich bis in den August erstreckt. Nach der Paarung verlässt das Männchen wieder das Revier des Weibchens.

Manchmal lassen Igel ein zirpend-pfeifendes »kri« oder »ki« hören, bei Gefahr können sie auch laut und klagend schreien. Bei der Nahrungssuche hört man schnüffelnde und schnarchende Laute.

➤ Fortpflanzung
Nach einer Tragzeit von 5–6 Wochen wirft das Weibchen 1–2-mal im Jahr 3–7 blinde und nackte Junge. Sie werden bis zu 6 Wochen gesäugt. Zwischen dem 14. und 18. Lebenstag öffnen sie die Augen, ab der 3. Lebenswoche verlassen sie für kurze Ausflüge mit der Mutter das Nest. Im Alter von etwa 2 Monaten und einem Körpergewicht von 200–250 g sind die jungen Igel selbstständig und verlassen dann bald das Revier der Mutter.

➤ Nahrung
In der Dämmerung und nachts gehen Igel auf Jagd nach Käfern, Regenwürmern, Raupen, Engerlingen, Schnecken, Mäuse- und Vogeljungen sowie Eiern bis zur Größe von Hühnereiern; auch Obst bereichert den Speiseplan.

➤ Allgemeines
In älteren, naturnahen Gärten kann man die Tiere am besten in der Abenddämmerung beobachten. Wer will, kann sie mit mildem Käse, Hackfleisch, Mehlwürmern, Hunde- oder Katzenfutter anfüttern. Kuhmilch bekommt Igeln nicht gut. Noch wichtiger ist es aber, den Garten so zu gestalten, dass Igel hier ihre natürliche Nahrung und ein Versteck finden. Laub unter Hecken, Reisighaufen, offene Schuppen und ein zur Umgebung offener Garten sind die nötigsten Voraussetzungen. Bei aller Liebe sollte man aber stets daran denken, dass Igel Wildtiere und keine Haustiere sind.

Igel gelten als niedlich und nützlich und werden in Gärten gern gesehen. Offene Grenzen und ein bisschen Wildnis sind Voraussetzungen.

Rotkehlchen sind wohl die beliebtesten Gartenvögel; sie sind zutraulich, ohne aufdringlich zu sein, und erfreuen einen mit ihrem zarten Gesang.

Rotkehlchen

Erithacus rubecula

➤ Aussehen

Typisch für das Rotkehlchen sind neben der rostroten Kehle und Brust seine rundliche Gestalt und seine ruhige Wesensart. Im Übrigen sehen Männchen und Weibchen gleich aus, wogegen die Jungvögel ein schuppig hellbraunes Federkleid tragen.

➤ Vorkommen

In ganz Europa sind unterholzreiche Wälder und Waldränder, Feldgehölze, Hecken, Gärten und Parks die Lebensräume des Rotkehlchens. Der Boden sollte möglichst feucht und humusreich sein, weswegen Wassernähe bevorzugt wird. In Mitteleuropa sind Rotkehlchen Teilzieher, in raueren Lagen wandern sie ab, kehren dann aber früh wieder zurück.

➤ Lebensweise

Es sind nicht nur die großen schwarzen Augen des Dämmerungsvogels, die die meisten Menschen beim Anblick eines Rotkehlchens in Entzücken versetzen. Auch die rundliche Gestalt, die aufrechte Haltung, die ruhige und doch muntere Wesensart und vor allem Gesang und Zutraulichkeit machen Rotkehlchen so beliebt. Der Gesang ist schüchtern stotternd, aber glasklar und fantasievoll.

➤ Fortpflanzung

Die Partner treffen sich im Februar/März am Brutplatz, und das Weibchen beginnt bald mit dem Bau des Nestes. Der Neststandort ist sehr variabel, immer aber in Bodennähe und möglichst in einer Höhlung. Im Garten werden gerne Reisighaufen, Holzstöße, Kletterpflanzen an Mauern oder tief hängende Halbhöhlennistkästen als Nistplatz gewählt. Die 4–6 Eier sind auf gelblichem Grund rötlichbraun gefleckt und werden 12–15 Tage nur vom Weibchen bebrütet. An der Fütterung beteiligen sich Mann und Frau. Nach 13–15 Tagen fliegen die Jungen aus, werden aber noch bis zu 2 Wochen außerhalb des Nestes gefüttert. Meist schließt eine zweite Brut an.

➤ Nahrung

Kleinere Insekten und deren Larven (die Jungen werden hauptsächlich mit Raupen gefüttert), Bodentiere wie Asseln, Tausendfüßer und kleine Würmer. Im Herbst und Winter auch vegetarische Nahrung, vor allem Beeren, später auch kleine Sämereien. Rotkehlchen kommen auch ans Futterhaus und nehmen besonders gerne Talg und andere Fette.

➤ Allgemeines

Schaffen Sie dichtes Gebüsch und lassen Sie im Herbst unter Hecken, Gebüsch und Bäumen alles Laub liegen. Streuen Sie im Winter Weichfresserfutter, kleine Sämereien und Haferflocken an geschützter Stelle auf Ihre Terrasse.

Hausrotschwanz

Phoenicurus ochruros

➤ Aussehen

Der Hausrotschwanz-Mann ist bis auf den rostroten Schwanz ganz schwarz und dunkelgrau. Die Männchen vom viel selteneren **Gartenrotschwanz** *(Phoenicurus phoenicurus)* sind hingegen nur im Gesicht und am Hals schwarz, oberseits grau und an der Stirn weiß; Brust und Bauch dagegen sind bei ihnen leuchtend orangerot.

➤ Vorkommen

Hausrotschwänze besiedeln alle Landschaften, in denen Gebäude oder Felsen vorkommen: von Hochhäusern bis zu Feldscheunen, von den Küsten bis ins hohe Gebirge. Der Gartenrotschwanz liebt alte Laubbaumbestände, nicht zu aufgeräumte Gärten, Friedhöfe und Parks mit Unterholz und Freiflächen. Der Hausrotschwanz gehört zu den Teilziehern, die spät wegziehen und früh zurückkehren oder gleich hier bleiben, während der Gartenrotschwanz den Winter in Zentralafrika verbringt und erst 4–6 Wochen nach den Hausrotschwänzen aus dem Süden zurückkehrt.

➤ Lebensweise

Der Gesang des Hausrotschwanzes klingt gepresst und knirschend, der des Gartenrotschwanzes ist viel melodiöser und so lieblich, dass er in vielen Filmen als Stimmungsmacher verwendet wird. Beiden gemeinsam ist das Knicksen und Schwanzzittern.

➤ Fortpflanzung

Hausrotschwänze sind Halbhöhlenbrüter, die ihr Nest gerne auf Dachbalken, in Mauernischen und in Scheunen bauen. Das Weibchen bebrütet seine 4–6 weißen Eier 12–17 Tage lang. Nach weiteren 12–19 Tagen verlassen die Jungen das Nest, werden aber noch 9–10 Tage gefüttert.

Obwohl typische Insektenfresser, bleiben manche Hausrotschwänze sogar im Winter hier und suchen ihre Beute auf Misthaufen und an Hauswänden; auf dem Foto ein Männchen.

Der ebenso hübsche wie musikalische Gartenrotschwanz (auf dem Foto ein Männchen) ist leider sehr selten geworden – man weiß nicht recht, warum.

Gartenrotschwänze brüten in natürlichen oder künstlichen Höhlen mit nicht zu kleinem Eingang, gelegentlich auch auf Dachbalken in Mauernischen oder sogar frei im Geäst. Die 6–7 grünlichblauen Eier werden allein vom Weibchen 12–14 Tage bebrütet; nach etwa der gleichen Zeit sind die Jungen flügge und 7–8 Tage später selbstständig.

➤ Nahrung

Beide Arten sind Insektenfresser, wissen aber auch Beeren zu schätzen.

➤ Allgemeines

Für den Hausrotschwanz kann man Halbhöhlenkästen an der Hauswand befestigen oder einen Dachbalken mit einem Seitenbrettchen attraktiver machen. Frühheimkehrern, die bei Kälte und Schnee in Not geraten können, sollte man mit Weichfresserfutter helfen. Dem spät heimkehrenden Gartenrotschwanz sollte man einen Nistkasten reservieren.

Kohlmeise

Parus major

➤ Aussehen

Sie ist unsere häufigste und auffälligste Meise und überhaupt einer der häufigsten und verbreitetsten Vögel in Mitteleuropa. Und weil sie sich auch ohne Scheu in Gärten tummelt und sogar in Wohnungen kommt, dürfte die Kohlmeise allgemein bekannt sein.

➤ Vorkommen

Lockere Mischwälder und jede andere Art von Baumgruppen sind in ganz Europa ihr bevorzugter Lebensraum. Mit Nistkästen kann man sie aber auch in finstere Nadelwälder und das Innere von Städten locken. Außerhalb der Brutzeit trifft man sie beinahe überall an, wo nur ein paar Zweige wachsen.

➤ Lebensweise

Kohlmeisen sind wie alle Meisen große Akrobaten. Doch sie können mehr als andere Meisen. So wenden sie geschickt wie die Amseln altes Laub am Boden, um darunter nach kleinen Tieren zu suchen. Geradezu genial sind sie im Erschließen neuer Nahrungsquellen. Sie wühlen in Abfallkörben, sammeln Brotkrumen von Schulhöfen, holen Reste aus Dosen, klauen Butter vom Frühstückstisch und öffnen die Stanioldeckel von Milchflaschen, um sich am Rahm zu laben.

Obwohl ihr hell klingelnder Gesang nur aus 2–3 Tönen besteht, ist es erstaunlich, was sie durch unterschiedliche Reihung und veränderten Rhythmus alles daraus zu machen verstehen. Ebenso vielfältig sind ihre Rufe.

➤ Fortpflanzung

Sie brüten in Röhren und Blechbüchsen, in alten Töpfen und Briefkästen, in Mauerritzen und unter Dachziegeln, in alten Nestern anderer Vögel – und wenn sie gar nichts Geeignetes finden, bauen sie ihr Nest sogar frei ins Geäst eines Baumes oder Busches. Am liebsten sind ihnen Spechthöhlen und Nistkästen.

Innerhalb von 5–12 Tagen baut das Weibchen das Nest aus Moos und Haaren und legt dann (oft schon im März) seine auf weißem Grund rötlich gefleckten 7–10 typischen Meiseneier. Das Weibchen bebrütet sie 13–14 Tage und hält danach die nackten Jungen warm. Es wird während dieser Zeit vom Männchen gefüttert. Im Alter von 18–21 Tagen verlassen die Jungen das Nest; die Familie bleibt aber noch bis zu 3 Wochen zusammen, sofern nicht eine zweite Brut ansteht.

➤ Nahrung

Zur Brutzeit stehen Insekten, Spinnen und kleine Bodentiere hoch im Kurs, im Herbst und Winter auch oder überwiegend Sämereien, Früchte, Knospen und, wo es sich bietet, Fett.

Kohlmeisen sind lebhafte und vitale Vögel, die sehr von den allerorts aufgehängten Nistkästen und auch von den Winterfütterungen profitieren.

Blaumeise

Parus caeruleus

Auch um die Zukunft der hübschen Blaumeisen muss man sich keine Sorgen machen, sie sind anpassungs- und lernfähig genug für eine sich rasch wandelnde Welt.

➤ Aussehen

Als einzige Meise mit blauer Kappe, blauem Schwanz und blauen Flügeln kann man die Blaumeise kaum verwechseln. Bei den Jungvögeln sind die später blauen Gefiederstellen allerdings noch recht grau; sie unterscheiden sich von den ähnlichen jungen Kohlmeisen durch das Fehlen einer schwarzen Kopfplatte und durch den deutlich kürzeren Schnabel, der den Blaumeisen etwas Puppenhaftes verleiht.

➤ Vorkommen

Blaumeisen sind in ganz Europa zu Hause. Sie brüten in lichten Laubwäldern, Parks und Gärten, treiben sich außerhalb der Brutzeit (oft mit anderen Meisen) aber fast überall herum, besonders gern im Schilf. Ihre Nahrung suchen sie hauptsächlich in der Vegetation, von den höchsten Baumwipfeln bis nahe dem Boden. Auf den Boden selbst kommen sie aber nicht so häufig wie die Kohlmeisen.

➤ Lebensweise

Wie die meisten Meisen klettern auch Blaumeisen sehr akrobatisch im dünnsten Geäst, Schilf und an Stauden herum, oft hängend oder kopfunter. Die Rufe und Gesänge der Meisen sind nicht leicht zu unterscheiden, da sie bei wenigen Tönen von ähnlicher Klangfarbe so vielseitig sind. Im silberhell klingelnden Gesang der Blaumeise ist ein trillerndes Schwirren charakteristisch: »psizi-sirrrr«.

➤ Fortpflanzung

Blaumeisen sind Höhlenbrüter, die heute in Mitteleuropa vor allem in Nistkästen brüten. Die auf weißem Grund rötlich gefleckten Eier sind von anderen Meiseneiern nicht zu unterscheiden. Das Gelege besteht meist aus 9–11 Eiern. Manchmal findet man auch Gelege mit 18–24 Eiern, die dann aber wohl von 2 Weibchen stammen. Die Mutter brütet allein, wird während der 13–15 Tage aber vom Vater gefüttert. 19–21 Tage wachsen die Jungen im Nest heran, werden von beiden Eltern gefüttert. Nach dem Ausfliegen hält die Familie noch 2 Wochen oder länger zusammen. Gelegentlich folgt eine zweite Brut in einer anderen Höhle.

➤ Nahrung

Zur Brutzeit machen kleine Insekten (z. B. Blattläuse) den Hauptteil der Nahrung aus. Später kommen zahlreiche Sämereien dazu sowie Obst und Beeren, im Spätwinter auch Knospen. Im Frühjahr werden Blüten nach Nektar, Pollen und Insekten abgesucht, besonders beliebt sind Weidenblüten.

➤ Allgemeines

Blaumeisen sind sehr auf Nistkästen angewiesen; eine Fluglochweite von 26–28 mm genügt ihnen.

Er saust die Bäume rauf und runter und lässt unüberhörbar seine lauten Pfiffe und Triller hören, der mit den Meisen, nicht mit den Spechten verwandte Kleiber.

Kleiber

Sitta europaea

➤ Aussehen
Wenn ein kleiner energischer Vogel mit blaugrauem Rücken und rostrotem Bauch in allen Positionen an Stämmen und Ästen herumklettert, so kann es nur der Kleiber sein. Der kräftige schwarze Augenstreif gibt ihm etwas Banditenhaftes.

➤ Vorkommen
Der Kleiber fehlt in Europa nur im Norden und in Teilen Spaniens. Auf Korsika und in der Türkei leben 2 andere Kleiberarten. Wie bei so vielen Gartenvögeln ist seine natürliche Heimat der Laub- und Mischwald, von dem aus er Parks, Alleen, Feldgehölze und Gärten besiedelt hat – obwohl er nicht gern über größere baumlose Strecken fliegt.

➤ Lebensweise
Wenn sein Aussehen an Banditen erinnert, so seine Pfiffe an Gassenjungen. Darüber hinaus hat er ein rasches »wiwiwiwiwiwi…« und ein durchdringendes »piüpiüpiü…« im Repertoire.

➤ Fortpflanzung
Merkwürdig ist des Kleibers Vorliebe für die hübschen rötlichen Rindenplättchen der Kiefer als Nestunterlage, obwohl doch Laubgehölze sein eigentlicher Brotbaum sind. Bezogen werden Spechthöhlen, ausgefaulte Baumhöhlen, Mauerlöcher und Nistkästen. Wenn Spechte die Zimmerer sind, dann sind Kleiber die Maurer. Sie verengen nämlich mit Lehm den Eingang der gefundenen Höhle auf Körpermaß; selbst das große Loch eines Entenbrutkastens haben sie schon ver»kleibt« – und scharfe Kanten und Ecken im Innern gleich dazu. Wenn das Weibchen nach 2–3 Wochen mit dem Hausbau fertig ist, beginnt es seine 6–7 Eier zu legen, die mit ihrer rötlichen Fleckung auf weißem Grund die Verwandtschaft zu den Meisen verraten. Auch das Brüten über 15–19 Tage ist Sache des Weibchens. Erst beim Füttern der Jungen nimmt auch das Männchen am Familienleben teil. Nach 24 Tagen fliegen die jungen Kleiber aus.

➤ Nahrung
Zur Brutzeit wird der hohe Eiweißgehalt von Insekten und Spinnen bevorzugt, ab Spätsommer überwiegen die Samen von Laub- und Nadelbäumen. Das ganze Jahr über neigen Kleiber zur Vorratshaltung, sogar Fleischvorräte werden in Ritzen und Spalten angelegt und mit Moos oder Flechten getarnt.

➤ Allgemeines
Kleiber sind große Verehrer von Nistkästen. Die Fluglochweite spielt für sie keine Rolle, solange sie nur groß genug ist (30–35 mm). Zu große Löcher werden zugemauert.

Amsel

Turdus merula

Recht gediegen sieht so ein Amselmännchen aus, mit seinem schwarzen Frack und dem gelben Schnabel. Kurzer Rasen erleichtert ihm die Regenwurmjagd.

➤ Aussehen

Die schwarze Amsel mit dem gelben Schnabel kennt jedes Kind. Aber hüpfen da nicht auch merkwürdig braune Vögel auf der Rasenfläche herum? Sind das nun andere Drosseln? Oder Weibchen? Oder Jungvögel? Tatsächlich sind die Kleider der Amsel im Laufe des Jahres recht verschieden. Nie haben sie aber eine so deutliche dunkle Fleckung auf heller Unterseite wie andere Drosseln; sie sind bei weitem die dunkelsten unserer Drosseln, auch wenn sie nicht immer so pechschwarz sind wie die alten Männchen.

➤ Vorkommen

Die in fast ganz Europa verbreiteten Amseln sind eigentlich Waldvögel. Es ist noch nicht lange her, dass sie auch die Dörfer und Städte zu ihrem Lebensraum erkoren haben. Die Waldamseln sind deutlich scheuer und viele von ihnen ziehen im Herbst in wärmere, nahrungsreichere Gegenden, während die meisten Stadtamseln auch im Winter ihr Auskommen finden.

➤ Lebensweise

Der Gesang der Amsel gehört zu den wohltönendsten, abwechslungsreichsten Gesängen unserer Breiten. Junge Männchen tragen allerdings oft recht stereotype kurze Strophen vor. Dass die schwarzen Burschen außerdem ein bisschen streitsüchtig sind und abends oft in ein hysterisches Gezeter ausbrechen, kann man ihnen wohl verzeihen.

➤ Fortpflanzung

Oft schon im Januar/Februar lassen an warmen Tagen Amseln ihren ersten, noch etwas zaghaften Gesang hören. Spätestens im März findet jedes Paar sein Revier und seinen Nistplatz, und in wenigen Tagen hat das Weibchen das Nest fertig. Die 4–6 Eier tragen auf grünem Grund eine bräunliche Zeichnung. 11–16 Tage bebrütet das Weibchen sein Gelege. 12–19 Tage werden die Jungen von beiden Eltern im Nest und anschließend noch bis zu 10 Tage nach dem Ausfliegen gefüttert. Oft noch bevor die Jungen ganz selbstständig sind, beginnt das Weibchen ein neues Nest zu bauen und die nächste Brut aufzuziehen.

➤ Nahrung

Am liebsten suchen sie in kurzer Vegetation nach Regenwürmern. Wenn im Sommer und Herbst die Beeren reifen, machen sie davon reichlich Gebrauch. Besonders die kleinen Früchte der Felsenbirne und ab Juli die roten Beeren der Vogelbeere schmecken ihnen.

Das mehr bräunliche Amselweibchen kann schon eher mit einer der anderen Drosseln verwechselt werden.

Stare lieben es, vor ihrer Haustür zu singen, wobei sie sich als fantasievolle Musiker erweisen. Mit der Sauberkeit haben sie es hingegen weniger.

Star

Sturnus vulgaris

➤ Aussehen

Aus der Entfernung erscheinen diese kaum amselgroßen Vögel in allen Kleidern irgendwie dunkel. Aus der Nähe oder mit dem Fernglas sieht man, dass sie eine durchaus abwechslungsreiche und geschmackvolle Garderobe tragen: Im Frühjahr hat ihr Gefieder einen grünvioletten Schimmer, im Herbst ein weißes Perlmuster, und das Jugendkleid ist praktisch erdbraun. Der Kleiderwechsel vom Herbst zum Frühjahr kommt nicht durch Gefiederwechsel, sondern durch Abnutzung der weißen Federränder zustande.

➤ Vorkommen

Große offene Flächen mit kurzer Vegetation und Nisthöhlen braucht er. Geschlossene Wälder scheiden daher aus dem einen Grund, baum- und gebäudelose Agrarlandschaften aus dem anderen Grunde aus. Als anpassungsfähiger Zivilisationsfolger weiß der Star aber die menschengemachten Verhältnisse zu seinen Gunsten zu nutzen.

➤ Lebensweise

Im Rasen nach Nahrung suchende Stare unterscheiden sich von Amseln schon durch ihr eiliges Rennen und Stochern. Wie Stare singen, dürfte allgemein bekannt sein. Dieses Quietschen, Schnarren, Knacken und Pfeifen ist auch kaum zu beschreiben, eingewoben sind im Allgemeinen nachgeahmte Stimmen und Geräusche aus der örtlichen Umgebung.

➤ Fortpflanzung

Unsere Stare überwintern nicht sehr weit weg in West- und Südeuropa und gehören mit den Feldlerchen zu den ersten Heimkehrern – sofern sie in milden Wintern oder Gegenden nicht gleich im Lande bleiben. Bereits im März haben sie oft die besten Brutplätze besetzt und verkünden mit lautem Geschwätz ihre Besitzansprüche. Jede halbwegs größere Höhle dient als Kinderstube. In das ziemlich schlampig zusammengeworfene Nest legt die Stärin ihre 4–8 einfarbig hell grünlichblauen bis weißlichen Eier und übernimmt auch beim Brutgeschäft den größten Teil. Bereits nach 11–13 Tagen schlüpfen die zunächst nackten und blinden Jungen, die von beiden Eltern gefüttert werden. Nach 17–21 Tagen verlassen sie das Nest.

➤ Nahrung

Zur Brutzeit tierische Nahrung, hauptsächlich Bodentiere. Im Sommer und Herbst sind Beeren und andere Früchte die Hauptnahrung für Jung und Alt – sehr zum Leidwesen von Winzern und Obstbauern, die versuchen, die Stare von den Kulturen zu vertreiben.

➤ Allgemeines

Da große Starenschwärme erheblichen Schaden anrichten können, sollte man nicht mehr als 1 Starenkasten im Garten aufhängen.

Haussperling

Passer domesticus

In schöner Eintracht sitzen hier Männchen und Weibchen Haussperling beisammen – auf einer Dachrinne, wie es sich gehört.

➤ Aussehen

Männliche Haussperlinge tragen eine graue Kappe und einen schwarzen Latz, der zur Brutzeit ausgedehnt, im Winter klein und unauffällig ist. Ihre Weibchen sind undefinierbar bräunlichgrau, nur von nahem erkennt man die oberseits hübsche Musterung. **Feldsperlinge** *(Passer montanus)* hingegen, bei denen sich Mann und Frau nicht unterscheiden, haben einen adretten sattbraunen Oberkopf und stets einen kräftigen schwarzen Fleck auf der weißen Wange.

➤ Vorkommen

Beide Arten sind in ganz Europa zu Hause, nur fehlt der Feldsperling in weiten Teilen Skandinaviens. Der Haussperling trägt seinen Namen zu Recht. Er ist bei uns so vollständig zum Zivilisationsfolger geworden, dass man sich kaum noch vorstellen kann, wie er ohne den Menschen auskam. Dieser Weltbürger ist unglaublich anpassungsfähig. Auch der Feldsperling hat den passenden Namen. Neuerdings macht er jedoch dem Haussperling zunehmend in Ortschaften und Städten Konkurrenz, zumal seit die fehlenden Pferdeäpfel dem Haussperling das Stadtleben unattraktiver machen.

Feldsperlinge haben in beiden Geschlechtern einen hübschen dunklen Wangenfleck auf weißem Grund.

➤ Lebensweise

Haussperlinge führen uns ungeniert ihr ganzes Liebes- und Familienleben vor. Das sollte man sich nicht entgehen lassen. Feldsperlinge sind da etwas dezenter. Dass sie beide zu den Singvögeln gehören, ist ihnen offenbar unbekannt. Jedenfalls kommen sie über ein nervtötendes Getschilpe nicht hinaus.

➤ Fortpflanzung

Der Haussperling nistet hauptsächlich unter Dachziegeln und in Höhlungen jeder Art, gelegentlich auch frei in Gebäuden baut er seinen struppigen Kobel. Das Innere seiner schlampigen Nester ist stets mit Federn mollig ausgestattet. Die 4–5 Eier sind auf weißlichem Grund dunkelbraun gefleckt und werden von beiden Eltern bebrütet, die auch gemeinsam die Jungen versorgen, die nach 12–18 Tagen ausfliegen. Das Familienleben des Feldsperlings ist ähnlich, mit dem Unterschied, dass er häufiger in Nistkästen brütet.

➤ Nahrung

Zur Brutzeit bis 30% Insekten, sonst Unkrautsamen, Körner, Knospen, Triebe sowie menschliche Abfälle.

Der Buchfink gilt – knapp vor der Kohlmeise – als unsere häufigste Vogelart. Aus jedem Baum hört man den typischen Finkenschlag der Männchen.

Buchfink

Fringilla coelebs

➤ Aussehen

Wir erkennen bereits am kräftigen Schnabel, dass wir es nicht mit einem Insekten-, sondern mit einem Körnerfresser zu tun haben, also mit einem Vertreter der Finken, Ammern und Konsorten. Und überhaupt kennen wir diesen wohl häufigsten Vogel unseres Landes, ohne groß auf Einzelheiten wie die weißen Flügelbinden und die adrette graue Frisur zu schauen. Im Winter sollte man auf den nordischen Vetter, den **Bergfink** *(Fringilla montifringilla)* achten; er hat einen weißen Bauch und eine orange Brust.

➤ Vorkommen

In ganz Europa, wo es Bäume gibt; selbst im finstersten Fichtenforst und auf der einsamsten Linde im Großstadtgewühl.

➤ Lebensweise

Die Wissenschaft gab ihm den Namen *Fringilla coelebs*, der »Junggesellenfink«. Tatsächlich zieht selbst heute noch, nachdem warme Winter und Vogelfütterungen das Leben für viele Vögel so viel leichter gemacht haben, ein Großteil der Buchfinkinnen im Herbst in mildere Gefilde, ohne sich um die mannhaft ausharrenden Gatten zu scheren.

Und wussten Sie, woher der Name Fink kommt? Vom Ruf unseres Vogels, der sich zwar eher wie »pink« anhört, was aber keinen ordentlichen Namen abgibt. Der Gesang des Buchfinkenmanns – tausendmal jeden Tag zu hören – ist eine schmetternde Strophe aus 5–6 absteigenden Tönen mit einem optimistischen »tswietsu« am Ende.

➤ Fortpflanzung

Das halbkugelige Nest zeugt vom handwerklichen Geschick der künftigen Mutter. Mit Moos und Spinnenweben wird es hoch auf einem Ast errichtet und außen so geschickt mit Flechten vom gleichen Baum getarnt, dass man es für einen Auswuchs des Astes halten kann. In der weich gepolsterten Nestmulde liegen Ende April 4–6 geschmackvoll auf rötlichgrauem bis bläulichem Grund purpurbraun gestrichelte und gefleckte Eier. Auch das Brüten erledigt die Buchfinkin allein. Nach 10–14 Tagen schlüpfen die Jungen, die nun von beiden Eltern gefüttert werden. Im Alter von 12–15 Tagen verlassen sie das eng gewordene Nest, bleiben aber noch 4 Wochen mit den Eltern zusammen.

➤ Nahrung

Zur Brutzeit gibt es hauptsächlich eiweißreiche, fleischliche Kost. Das übrige Jahr ernährt man sich vegetarisch von allen möglichen Samen und Körnern. Buchfinken sind regelmäßige Gäste am Futterhaus, picken jedoch die Körner am liebsten vom Boden auf.

Grünling (Grünfink)

Carduelis chloris

➤ Aussehen

Die Männchen sind wie gewöhnlich die Prächtigeren, mit gelben Flügelfeldern und Schwanzseiten, der Rest ist unscheinbar graugrün. Die Weibchen sind so unscheinbar, dass mancher sie für Spatzen hält (die aber niemals grünlich sind). Verwechseln kann man Grünlinge aber mit Erlenzeisigen und Girlitzen. Am besten achtet man daher auch auf die Stimmen.

➤ Vorkommen

In ganz Europa offene Landschaften mit Bäumen und Baumgruppen und Flächen kurzer oder schütterer Vegetation, Parks und Gärten, bis ins Zentrum der Städte. Zur Nahrungsuche findet man sie an Bahndämmen und Wegrändern, auf Feldern und Industriebrachen, überall wo Wildstauden noch blühen und fruchten dürfen.

➤ Lebensweise

Als Vegetarier bleiben die meisten Grünlinge auch den Winter über im Lande, streifen dann aber gerne mit anderen Finken und Ammern in der Gegend herum. Seine Nahrung sucht der Grünling hauptsächlich am Boden, wenn er nicht gerade Knospen und Kätzchen in höheren Etagen zu sich nimmt. Im Winter ist er Stammgast am Futterhaus. Der häufig zu hörende Gesang ist abwechslungsreich und kräftig, manchmal wohltönend, manchmal klingelnd-klirrend. Oft tragen die Männchen ihn auch im Balz- oder Revierflug vor, wobei sie wie betrunken fliegen.

➤ Fortpflanzung

Dichte Schnitthecken, Kletterpflanzen an Mauern, sogar Blumenkästen auf Balkons sind beliebt. Koniferen und immergrüne Ziersträucher werden schon deswegen gern gewählt, weil Grünfinken früh mit der Brut beginnen, wenn viele Laubgehölze noch ziemlich kahl sind. Die weißlichen bis bläulichen Eier sind spärlich rostbraun gefleckt, gewöhnlich 4–5 an der Zahl. Während das Weibchen 11–14 Tage brütet und weitere 4 Tage die Frischgeschlüpften wärmt (»hudert«), füttert es der Gatte mit seinem Kropfinhalt. Auf die gleiche Weise bekommen die Jungen ihr vorgeweichtes Körnermüsli. Nach 14 Tagen sind sie stark genug, es mit der Welt aufzunehmen.

➤ Nahrung

Eine vielseitig vegetarische Nahrung hält den Grünling frisch und gesund. Je nach Jahreszeit stehen reife und halbreife Samen von Gräsern, Kräutern und Bäumen, Beeren und weiche Früchte, Blatt- und Blütenknospen auf dem Speiseplan. Besonders beliebt sind die Vitamin-C-reichen Hagebutten. Am Futterhaus sind Grünlinge regelmäßige Gäste.

Grünlinge wirken eher farblos, obwohl sie hübsche gelbe Federn in den Flügeln und im Schwanz haben. Auffällig ist der flatternde Singflug der Männchen.

Rauch-schwalbe

Hirundo rustica

➤ Aussehen

Im raschen Flug ist die Rauchschwalbe nicht leicht von der **Mehlschwalbe** *(Delichon urbica)* zu unterscheiden, wenn auch der weiße Hinterrücken der Mehlschwalbe und die langen Schwanzspieße der Rauchschwalbe recht auffällig sind (siehe auch Mauersegler). Am leichtesten unterscheidet man sie an ihren Nestern: Rauchschwalben bauen ihre schalenförmigen Lehmnester meistens in Gebäuden, Mehlschwalben kleben ihre Halbkugelnester mit kleinem Schlupfloch dicht unters Dach außen an Gebäudewände.

➤ Vorkommen

Die meiste Zeit verbringen sie in der Luft. Im Gegensatz zum Mauersegler rasten sie zwischendurch aber auch gerne auf Leitungsdrähten oder in der Umgebung des Nestes. Bei uns sind sie ganz zu Gebäudebewohnern geworden, wobei sie aber schon wegen des Baustoffs für ihre Nester ländlichere Ortschaften, Weiler und Einzelgehöfte bevorzugen.

➤ Lebensweise

Rauchschwalben können bei weitem hübscher singen als die Verwandtschaft; vom Leitungsdraht oder Nestrand lassen sie ein anhaltendes, klares Gezwitscher hören, in das immer wieder ein gezogenes Knarren eingewoben wird. Mehlschwalben variieren in ihrem Gesang eigentlich nur ihren etwas tonlosen Ruf »prrrit«.

➤ Fortpflanzung

Die Rauchschwalben kehren meist in der letzten Märzwoche, etwa 2 Wochen vor den Mehlschwalben, aus dem Süden zurück und bleiben im Herbst länger. Mit Nestbau und Eiablage beginnen beide Arten ab Ende April. Rauchschwalben stützen ihre flache Lehmschale gerne auf einem kleinen Mauervorsprung ab, während Mehlschwalben ihren halbkugeligen Bau kühner auch an Wänden befestigen. Am liebsten werden alte Nester wieder bezogen, weshalb man sie nicht entfernen sollte. Rauchschwalben legen 3–6 braun gefleckte, Mehlschwalben 4–5 weiße Eier. Je nach Witterung dauert das Brüten 12–18 Tage, die Nestlingszeit 20–30 Tage. Nach dem Ausfliegen werden die jungen Schwalben noch bis zu 2 Wochen gefüttert und bleiben auch danach noch lange in der Nähe, wodurch eine starke Brutplatzbindung entsteht.

➤ Nahrung

Fluginsekten und Spinnen.

Mehlschwalben erkennt man an ihrem weißen Bürzel und der Art ihres Nestes.

Als typische Stallschwalbe – die früher auch in Hausgängen brütete – ist die Rauchschwalbe gefährdeter als die an Außenwänden nistende Mehlschwalbe.

Mauersegler

Apus apus

Mauersegler werden oft mit Schwalben verwechselt; doch schon ihr Flugbild ist deutlich anders (sichelförmige Flügel) und vor allem auch ihre schrille Stimme, mit der sie kundtun, dass sie nicht einmal zu den Singvögeln gehören.

➤ Aussehen

Viele Leute verwechseln diese Flugkünstler mit den Schwalben. Wer genauer hinschaut, kann aber Flugbilder und Flugverhalten bald leicht unterscheiden: Die Mauersegler – die mit den Schwalben nicht verwandt sind, ja nicht einmal zu den Singvögeln gehören – haben viel schmalere, längere, sichelförmig gebogene Flügel und sind fast einfarbig grau-braun-schwarz; ihr Schnabel ist kurz, aber enorm breit.

➤ Vorkommen

An Gebäuden, auch mitten in Städten, haben sie ihre Nester. Sonst aber ist die Weite des Himmels ihr Lebensraum, nur bei schlechtem Wetter jagen sie dicht über der Wasserfläche von Seen und Flüssen nach Insekten. Übrigens sind sie unsere eiligsten Brutvögel, kommen erst Anfang Mai und sind Anfang August schon wieder unterwegs in südlichere Länder.

➤ Lebensweise

Segler verbringen sogar die Nächte schwarmweise in hohen Luftschichten, und selbst die Paarung findet im Flug statt. Ihr bald gleitender, bald reißender Flug – mit schwirrenden Flügeln – lässt sie oft wie kleine Falken erscheinen, wenn sie paar- oder herdenweise um Häuserblocks jagen oder hoch im Himmel wie spielerisch nach Insekten haschen. Dazu hört man ihre sirrend schrillen Schreie, die nichts mit dem gemütlichen Geschwätz der Schwalben gemeinsam haben.

➤ Fortpflanzung

Sie brüten in Gebäudenischen und unter Dachziegeln – Nistplätze, aus denen sie oft den Haussperling vertreiben. Die 2–3 länglichen weißen Eier werden in der zweiten Maihälfte gelegt und von beiden Eltern 18–20 Tage bebrütet. Die Jungen werden mit haselnussgroßen Futterballen geatzt, die aus 100–800 Fluginsekten bestehen. An guten Tagen verfüttert ein Paar mehr als 20 000 Kleininsekten. Je nach Witterung dauert die Nestlingszeit 38–56 Tage.

➤ Nahrung

Fliegende Insekten und Spinnen, vor allem Blattläuse und Mücken.

➤ Allgemeines

Mauersegler brüten in der Natur in Felsspalten, bei uns aber praktisch nur noch an Gebäuden, meist unter Dachziegeln. Als sehr gesellige Vögel bilden sie meist kleine Kolonien. Mit Kästen (15 × 15 × 35 cm), die man der Länge nach dicht unter einem Dachvorsprung anbringt, kann man sie relativ leicht ansiedeln. Das Flugloch kann niedrig (3 cm), sollte aber breit (6 cm) sein. Wichtig ist eine freie Höhe über dem Boden von mindestens 5 m, da sich die Vögel beim Start fallen lassen.

Noch vor 50 Jahren eine Seltenheit, heute in allen Ortschaften häufig: Der Siegeszug der Türkentaube zeigt (wie der einiger anderer Vogelarten), dass alles im Fluss ist.

Türkentaube

Streptopelia decaocto

➤ Aussehen

Türkentauben haben Ähnlichkeit mit den in wärmeren Landesteilen vorkommenden, aber viel selteneren **Turteltauben** *(Streptopelia turtur)*. Von ihnen unterscheiden sie sich durch insgesamt hellere Färbung, einheitlich sandfarbene (nicht dunkel geschuppte) Oberseite und vor allem durch ihr schmales, aber auffälliges schwarzes Nackenband. Auch die Stimme (s. u.) ist ein gutes Unterscheidungsmerkmal – die Turteltaube schnurrt weich und ohne deutlichen Rhythmus wie ein gut geschmierter Motor. Beide Tauben sind deutlich kleiner und bräunlicher als die 3 anderen, grauen Arten: **Ringeltaube, Hohltaube** und wildfarbene **Straßentaube** *(Columba palumbus, C. oenas* und *C. livia domestica)*.

➤ Vorkommen

Ursprünglich kommen Türkentauben aus Indien und Sri Lanka. Um 1600 begannen sie sich westwärts auszubreiten, zunächst bis in die Türkei. Dann begannen sie neuerlich in nordwestlicher Richtung zu wandern. Heute haben sie fast ganz Europa erobert und dehnen ihr Territorium weiter aus. Bei uns sind sie fast ausschließlich Bewohner gartenreicher Siedlungen und Ortsränder.

➤ Lebensweise

Wenn sie mit langem Schwanz und ruckartig geschlagenen Flügeln dahinsausen, könnte man sie für einen Kuckuck oder kleinen Greif halten. Gerne sitzen sie paarweise, im Winter auch in Gruppen auf Leitungsdrähten, Straßenlampen, auf Hausdächern, Antennen und in Bäumen. Sie wagen sich nah an Menschen heran, sind aber stets wachsam und fluchtbereit. Am auffälligsten ist ihr dreisilbiges Lied: »ruk-ruuk-ruk«, das sie so oft wiederholen, dass manche Menschen Mordgelüste entwickeln. Außerdem hört man ein empörtes, raues »chrräi«.

➤ Fortpflanzung

Das flache, dünne Nest aus Zweigen wird gerne in Nadelbäumen errichtet. Aus den oft schon im März gelegten 2 weißen Eiern schlüpfen nach 12–14 Tagen Bebrütung durch beide Eltern sehr hässliche nackte Jungtauben. Dank nährreicher »Kropfmilch« klettern sie aber schon im Alter von 2 Wochen im Geäst herum und sind nach weiteren 3 Wochen selbstständig. Bei 2–4 Jahresbruten kann man auch im Herbst brütende Türkentauben finden.

➤ Nahrung

Sämereien aller Art, gerne auch von Getreidefeldern und Hühnerhöfen; teilweise auch Beeren und Pflanzensprosse.

➤ Allgemeines

Im Winter kommen sie gern auf den Balkon oder die Terrasse, wenn man ihnen Haferflocken, geschrotetes Getreide, gehackte Erdnüsse und andere Sämereien hinstreut.

Ringelnatter

Natrix natrix

➤ Aussehen

Die größte und häufigste unserer Schlangen wird als Männchen über 1 m und als Weibchen bis 1,5 m, vereinzelt sogar bis 2 m lang. Bei den im Detail unterschiedlich gezeichneten Tieren fallen im Allgemeinen 2 hellgelbe Halbmonde an den Seiten des Hinterkopfs auf. Die Grundfärbung reicht von grau über olivgrün bis bräunlich, in meist dunklen Tönen, bis hin zu fast schwarz. Die Zeichnung besteht aus kleinen dunklen Flecken, die sich auch zu seitlichen Rippen verdichten können.

➤ Vorkommen

In allen Höhenlagen bis über 2000 m werden bevorzugt Stellen in Wassernähe besiedelt. Im Norden ihres Verbreitungsgebietes ist sie weniger auf Wasser angewiesen und kann auch in recht trockenen Wäldern, Hecken und Wiesen angetroffen werden.

➤ Lebensweise

Ringelnattern sind so genannte halbaquatische Schlangen, die gut schwimmen und bevorzugt im Wasser auf die Jagd gehen. Beim Schwimmen halten sie den Kopf hoch über die Wasseroberfläche. Dem Menschen gegenüber sind sie wenig aggressiv und versuchen fast nie zu beißen, auch wenn sie bei Bedrohung zischen und mit dem Kopf vorstoßen. Um Feinde einzuschüchtern, blähen sie sich auf oder stellen sich tot, indem sie ihre Unterseite zeigen und die Zunge aus dem offenen Mund hängen lassen. Gleichzeitig scheiden sie eine übel riechende Flüssigkeit aus. Die manchmal zu mehreren im Boden, unter Steinen oder Baumstümpfen verbrachte Winterruhe dauert bei uns von Oktober bis März.

➤ Fortpflanzung

Die Paarung findet im April und manchmal auch nochmal im Herbst statt. Die Weibchen legen zwischen Juni und September etwa 20 taubeneigroße, pergamentschalige Eier in Haufen aus verrottendem Laub, Kompost oder Mist, auch in Bodenlöcher und unter Moos. Nach 4–8 Wochen schlüpfen die 15–20 cm langen Jungen.

➤ Nahrung

Frösche, Molche, Fische, junge Mäuse, selten auch Eidechsen oder Blindschleichen.

➤ Allgemeines

Die einzige andere Schlange, mit der man im Garten rechnen kann, ist die **Schlingnatter** *(Coronella austriaca)*, die nur bis 70 cm lang wird, schlank und glatt wirkt und recht unterschiedlich gefärbt ist: oberseits grau, braun, oliv oder rötlich, mit kleinen dunklen Flecken. Beide Arten sind völlig ungiftig und sollten unbedingt geschont und gefördert werden.

Noch immer müssen Ringelnattern unter der Schlangenangst vieler Menschen leiden, obwohl sie absolut harmlos und wunderschön sind.

Auch die schöne Blindschleiche wird von manchen Menschen noch als »Giftschlange« erschlagen; hauptsächlich leidet sie aber unter der intensiven Landwirtschaft.

Blindschleiche

Anguis fragilis

➤ Aussehen

Blindschleichen sind beinlose Eidechsen (keine Schlangen); sie werden höchstens 50 cm lang. Die Färbung der glatten, glänzenden Tiere ist sehr unterschiedlich und reicht von hell- über dunkelbraun bis fast schwarz. Jungtiere sind oft oberseits schön gold- bis bronzefarben oder silbrig, mit einem schwarzen Rückenstreifen in der Mitte; Seiten und Unterseite sind ebenfalls dunkel bis schwarz. Ähnlich sind meist die Weibchen gefärbt, während den Männchen in der Regel der dunkle Rückenstreif fehlt und das Schwarz am Bauch auf die 2–4 mittleren Bauchschuppenreihen begrenzt ist; stattdessen sind bei ihnen oft dunkelblaue Flecken über die Oberseite verstreut. Tiere, die ihren Schwanz verloren haben, bilden ein stumpfkegeliges Körperende nach.

➤ Vorkommen

Fehlt in Europa nur in Irland, in Nordskandinavien und auf den meisten Mittelmeerinseln. Besiedelt alle nicht zu trockenen Landschaften im Flach- und Bergland bis 2000 m. Bevorzugt Lebensräume mit dichter Bodenvegetation an feuchten und trockenen Stellen, z. B. Waldlichtungen, Gebüsche, Heiden, Viehweiden, Bahndämme.

➤ Lebensweise

Blindschleichen sind hauptsächlich nachtaktiv und verstecken sich tagsüber unter Steinen, Holz, Laub und in Erdgängen. Man begegnet ihnen am ehesten beim Umdrehen von Steinen und anderen flächig auf dem Boden liegenden Gegenständen. Abends und nach Regen kann man sie auch außerhalb ihrer Verstecke langsam durchs Gras schleichen sehen. Je nach geografischer Breite und Höhenlage dauert die Winterruhe von Oktober/November bis März/Mai. Oft überwintern mehrere Tiere im gleichen Versteck.

➤ Fortpflanzung

Nach der Winterruhe paaren sich die Tiere, und nach einer Tragzeit von 3 Monaten legen die Weibchen 8–12 Eier, aus denen sofort die Jungen schlüpfen.

➤ Nahrung

Nacktschnecken und Regenwürmer.

➤ Allgemeines

Die Tiere lieben mittlere Temperaturen und sind daher meist in der Vegetation versteckt. Morgens und abends findet man sie aber auch an freien Stellen beim Sonnen, bei bedecktem Wetter auch tagsüber auf der Jagd.

Zauneidechse

Lacerta agilis

➤ Aussehen
Zauneidechsen erreichen eine Gesamtlänge von etwa 30 cm. Das typische Männchen ist an den Seiten und Vorderbeinen (während der Paarungszeit leuchtend) grün, auf dem Rücken hell- und dunkelbraun; das typische Weibchen ist insgesamt sandbraun, mit dunkleren und helleren Flecken. Individuell und regional weisen Färbung und Zeichnung aber große Vielfalt auf. In Mitteleuropa kommen nur noch 3 weitere Arten vor: die seltene **Smaragdeidechse**, die **Wald-** oder **Bergeidechse** und die **Mauereidechse** *(Lacerta viridis, L. vivipara* und *L. muralis)*. Neben der Zauneidechse ist in Gärten auch mit der Mauereidechse, ausnahmsweise auch mit der Waldeidechse zu rechnen. Mauereidechsen werden meist nur 20 cm lang, wovon mehr als 2/3 auf den langen, schlanken Schwanz entfallen. Diese zierliche Art weist sehr unterschiedliche Färbungen auf; die Oberseite ist braun, grau oder grünlich, mit schwarzen Flecken oder dunkler Netzzeichnung.

➤ Vorkommen
An trockenen, sonnigen und steinigen, aber nicht vegetationslosen Stellen im Flach- und Hügelland; im Süden auch im Gebirge. Die Mauereidechse fehlt im Norddeutschen Tiefland sowie weiter nördlich und östlich. Die lebendgebärende, meist braun gemusterte Waldeidechse ist in ganz Mitteleuropa und bis ins nördliche Skandinavien verbreitet und geht im Gebirge bis über 2000 m hoch.

➤ Lebensweise
Zauneidechsen leben in trockensteinigen Lebensräumen, an Weg- und Waldrändern, an sonnigen Böschungen, in warmen Gebüschen und Hecken und in strukturreichen Gärten mit Natursteinmauern. Als Versteck nutzen sie Mauslöcher, Mauerspalten oder auch selbst gegrabene Löcher, in die sie bei Gefahr verschwinden. Im Norden dauert die Winterruhe von September bis April, im Süden kürzer.

➤ Fortpflanzung
Anschließend an die Winterruhe findet die Paarung statt. Das Weibchen setzt ein Gelege aus 6–20 Eiern ab; nach 3 Monaten schlüpfen die Jungen, die den Weibchen ähnlich sehen.

Das Männchen der Zauneidechse ist zur Paarungszeit relativ leicht an seiner schönen Grünfärbung zu erkennen; Weibchen sind mehr bräunlich.

➤ Nahrung
Hauptsächlich Insekten sowie andere Kleintiere wie Spinnen, Würmer und Schnecken.

➤ Allgemeines
Zauneidechsen sind nicht sonderlich scheu und lassen sich in Ruhe auch aus der Nähe beobachten, wenn man sich nicht zu lebhaft bewegt. Obwohl unsere häufigste Eidechse, haben die Bestände besonders in Norddeutschland durch Vernichtung entsprechender Lebensräume abgenommen.

Mauereidechsen erkennt man am besten an ihrem sehr schlanken Schwanz; ihre Färbung ist variabel.

Grasfrosch

Rana temporaria

➤ Aussehen

Als größter der »Braunfrösche« wird der Grasfrosch bis 10 cm lang, ist im Übrigen aber schwer von **Moor-** und **Springfrosch** *(Rana arvalis und R. dalmatina)* zu unterscheiden (z. B. durch kürzere Hinterbeine). Charakteristisch für alle Braunfrösche sind die dunklen Schläfenflecken. Grasfrösche sind variabel gefärbt: gelb, rötlich, braun oder grau mit dunklen, oft recht ausgedehnten Flecken. Die Männchen haben 2 innere, nicht ausstülpbare Schallblasen. Zur Laichzeit sind sie schwabbelig aufgedunsen und haben einen bläulichen Anflug.

➤ Vorkommen

Nach einer kurzen Zeit im Wasser – als Kaulquappen und zur Fortpflanzung – leben Grasfrösche in vielerlei feuchten Landlebensräumen bis ins Hochgebirge, bevorzugt in Wäldern mit dichter Kraut- und Strauchvegetation. Überwinterung im Schlamm oder unter Steinen, auch zu mehreren am oder im Boden von Gewässern.

➤ Lebensweise

Die tag- und dämmerungsaktiven Tiere gehen außerhalb der Paarungszeit in dichter Vegetation einzeln der Jagd nach Würmern und Insekten nach. Sie sind nicht besonders elegante Springer und fangen ihre Beute meist auf die gemächliche Art. Ruhezeiten verbringen sie versteckt unter Steinen, liegendem Holz oder im dichten Gras. Unmittelbar nach dem (frühen) Ende der Winterruhe machen sich die Frösche zu ihrem traditionellen Laichgewässer auf den Weg, sofern sie dorthin nicht schon im Herbst gewandert sind, um zu überwintern. Dann hört man die Stimme der Männchen, ein dumpfes Knarren und Knurren, das unter Wasser erzeugt wird.

➤ Fortpflanzung

Bereits im Februar/März beginnt die Fortpflanzungszeit. Die Männchen haben dann besonders kräftige Vorderbeine, mit denen sie sich an den Weibchen festklammern; dem dienen auch die schwarzen »Brunstschwielen«. Die Weibchen legen ihre 2000–4000 Eier in Klumpen ab, die an der Wasseroberfläche schwimmen (vgl. Wasserfrosch). Die dunklen Kaulquappen werden bis 4,5 cm lang. Ab Juni gehen die kleinen Frösche an Land.

➤ Nahrung

Insekten, Bodentiere, Nacktschnecken.

➤ Allgemeines

Man trifft Grasfrösche am sichersten, wenn man dem Knurren der Männchen im Frühjahr folgt. Sonst stößt man meist zufällig auf sie, in Wäldern, Parks und Gärten mit reicher Streuschicht. Durch den dramatischen Verlust an Kleingewässern sind Grasfrösche, wie alle heimischen Amphibienarten, auf dem Rückzug.

Der Grasfrosch ist der häufigste Vertreter der so genannten Braunfrösche, die außerhalb der Laichzeit meist weit vom Wasser entfernt leben.

Wasserfrösche sind lebhafte Burschen, die mit ihren ausstülpbaren Schallblasen ein vielfältiges und lautstarkes Konzert veranstalten können. Gerne sonnen sie sich am Gewässerrand.

Wasserfrosch

Rana esculenta

➤ Aussehen

Wasserfrösche werden 8–10 cm groß – wobei die Männchen in der Regel kleiner sind als die Weibchen. Das Männchen besitzt 2 weißliche Schallblasen, die beim Quaken hinter den Mundwinkeln heraustreten. Die glatte bis leicht warzige Rückenhaut ist grün bis bräunlich und schwarz gefleckt, ein dunkler Schläfenfleck fehlt (vgl. Grasfrosch). Mit den langen Hinterbeinen können sie gut springen.

➤ Vorkommen

Ihr Verbreitungsgebiet erstreckt sich von Sizilien und den Pyrenäen bis Russland über große Teile Europas; die »Art« fehlt in Spanien, Großbritannien, Skandinavien und Südosteuropa. Dieses Areal deckt sich mit dem des nah verwandten Teichfroschs. Anders das Vorkommen des Seefroschs, das eine Zweiteilung erkennen lässt: eine südwestliche Population (Spanien, Südwestfrankreich) und eine osteuropäische (einschließlich Balkan und Griechenland), deren Westgrenze mitten durch Deutschland verläuft.

Alle Grünfrösche sind stark ans Wasser gebunden und unterscheiden sich bereits dadurch von den landlebenden Braunfröschen; man findet sie in und an den verschiedensten größeren und kleinen stehenden Gewässern.

➤ Lebensweise

Schnelle und kraftvolle Schwimmer, die lange tauchen und sich im Schlamm verstecken können, sich aber gerne am Ufer oder auf Schwimmblättern sonnen, wenn sie ungestört sind. Die variablen Rufe der Männchen sind tags und nachts zu hören: »uärr-uärr« oder »uorr-uorr« oder »ohek-ohek« oder »kroak-kroak«, auch »re-ke-ke-ke…«, an- und abschwellend, auch im Chor.

Der kleine Laubfrosch ist ein Exot unter unseren Amphibien und klettert gern ins Geäst von Büschen und Bäumen.

➤ Fortpflanzung

Erst im April/Mai legen die Weibchen in krautreichen Tümpeln ihre zahlreichen (bis über 10 000) Eier in großen, absinkenden Klumpen ab (vgl. Grasfrosch). Die Kaulquappen werden bis 6 cm groß.

➤ Nahrung

Würmer, Wassertiere, Fluginsekten, Kaulquappen, Jungfische, bis hin zu neugeborenen Mäusen.

➤ Allgemeines

Der bei uns häufigste Grünfrosch – der Wasserfrosch – ist ein Kreuzungsprodukt aus 2 anderen Arten, dem 10–17 cm großen **Seefrosch** *(Rana ridibunda)* und dem 5–7 cm kleinen **Teichfrosch** *(R. lessonae)*. (Die Namen Wasserfrosch und Teichfrosch werden auch umgekehrt als hier verwendet.)

Der ebenfalls grüne **Laubfrosch** *(Hyla arborea)* ist nur 4–5 cm groß und lebt kletternd in Gebüsch und Geäst.

Erdkröte

Bufo bufo

➤ Aussehen

Die Weibchen unserer häufigsten Kröte werden bis 13 cm, die Männchen bis 10 cm lang. Die plumpen Tiere haben eine mit warzigen Drüsen übersäte braune, graue oder rötliche Haut; die Unterseite ist grauweiß. Schön sind nur ihre goldenen Augen mit den waagrechten Pupillen. Schwimmhäute fehlen.

➤ Vorkommen

Als ausgeprägte Landbewohner leben sie in den verschiedensten Lebensräumen, vom Tiefland bis ins Gebirge; neben Wäldern und Feldern, Wiesen und Gebüschen werden auch Gärten und Parks besiedelt. Sie kommt in fast ganz Europa vor.

➤ Lebensweise

Tagsüber suchen die sehr ortstreuen Tiere ihre Verstecke unter Steinen, Holz und Laub oder in Erdlöchern auf und gehen nur nachts auf die Jagd. Das Wasser wird nur zur Paarungszeit, nach der Winterruhe im März/April, aufgesucht. Auch hier zeigen Erdkröten große Ortstreue und kehren auch dann an die Stelle ihres Geburtsgewässers zurück, wenn dieses zugeschüttet wurde. Die Männchen rufen leise ein hohes, raues »oäck-oäck-oäck«.

➤ Fortpflanzung

Das Weibchen legt im März/April 2000–6000 Eier in Form doppelter schwarzer Laichschnüre, die meist an Wasserpflanzen befestigt, aber auch einfach bloß auf den Gewässerboden gelegt werden. Etwa 15 Tage später schlüpfen die schwarzen Kaulquappen, die zu den kleinsten Larven unserer Froschlurche gehören und höchstens bis zu einer Länge von 4 cm heranwachsen. Im Juli verlassen die nur 1 cm großen Kröten das Wasser.

➤ Nahrung

In der Dunkelheit, speziell bei warmem, regnerischem Wetter, gehen sie auf die Jagd nach Würmern, Schnecken, Asseln, Tausendfüßern, Spinnen und Insekten. Die im Wasser lebenden Larven schaben Algenaufwuchs von Steinen und Pflanzen.

Zur Laichzeit versammeln sich Erdkröten aus weitem Umkreis an geeigneten Gewässern und legen ihre schwarzen Laichschnüre ab.

➤ Allgemeines

Am besten beobachtet man die Tiere an ihrem Laichgewässer. Mit naturnahen Gartenteichen kann man auch den nützlichen Kröten einen Ersatz für die vielen zugeschütteten Kleingewässer bieten. Zu den Echten Kröten in Mitteleuropa gehören die seltenere **Kreuzkröte** *(Bufo calamita)* und die grüne **Wechselkröte** *(B. viridis);* sie besitzen eine warzige Haut, große Ohrdrüsen und waagrechte Pupillen. Im Gegensatz zu den Fröschen sind ihre relativ kurzen Hinterbeine nicht für größere Sprünge geeignet. Anders als die Erdkröte bevorzugen sie trockenere Lebensräume.

Die Erdkröte ist ein freundliches Tier mit goldenen Augen; sie sollte in keinem Garten fehlen.

Teichmolch

Triturus vulgaris

Männliche Teichmolche sind zur Fortpflanzungszeit recht bunt und ziemlich unternehmungslustige Schwimmer.

➤ Aussehen

Weibchen 8–11 cm lang, Männchen kleiner. Vom **Bergmolch** *(Triturus alpestris)* durch schwarze Punkte auf orangem Bauch und heller Kehle unterschieden, vom **Fadenmolch** *(T. helveticus)* durch Punkte auf der Kehle, vom **Kamm-Molch** *(T. cristatus)* durch helle (nicht schwarze) Kehle und geringere Länge. In der Wassertracht sehen die Männchen mit hohem, aber weniger gezacktem Kamm den Männchen vom Kamm-Molch ähnlich. Dunkle Längsstreifen am Kopf haben der Art auch den Namen Streifenmolch eingetragen. Die Haut ist glatt oder schwach gekörnt und an Land trocken.

➤ Vorkommen

Fast ganz Europa, einschließlich Großbritannien (fehlt in Südfrankreich, Spanien und Süditalien). Meist die häufigste Molchart. Man kann Teichmolche in den verschiedensten Lebensräumen finden: in offenem Kulturland, in lichten Wäldern und an Waldrändern, in Parks und Gärten, auch in Ton-, Sand- und Kiesgruben. Zur Laichzeit kalkreiche stehende oder langsam fließende Gewässer im Tief- und Hügelland, im Süden auch im Bergland.

➤ Lebensweise

Lebt mehr auf dem Land als die meisten europäischen Wassermolche, führt aber ein verstecktes Leben; tagsüber meist in Steinhaufen oder Mauerspalten, unter Holz, in altem Laub. Nachts und bei Regenwetter machen Molche oft erstaunlich weite Wanderungen.

➤ Fortpflanzung

Im April/Mai finden Paarung und Eiablage im Wasser statt. Bei der Balz steht das Männchen vor dem Weibchen und krümmt seinen Schwanz nach vorne, schlängelt und zittert, entfernt sich dann und setzt seine Samenkapsel ab, die das Weibchen mit der Kloake aufnimmt. Die 100–300 Eier werden einzeln an Wasserpflanzen befestigt. Die Larven sind gelblich- bis grünlichbraun. Im September findet die Umwandlung statt, und die Jungen gehen an Land. Sie kehren erst im Alter von 3 Jahren, wenn sie geschlechtsreif sind, ins Wasser zurück.

Nach der Fortpflanzung verlassen Teichmolche das Wasser und wandern nachts oft weit über Land.

➤ Nahrung

Kleine Bodentiere, Schnecken und Würmer.

➤ Allgemeines

Man entdeckt die Tiere meist unter Steinen, Holz, Wurzeln, Moos und in der Laubstreu. In Aktion findet man sie tagsüber aber meist nur zur Paarungszeit im Wasser. Auch Molchen kann mit (fischfreien) Gartenteichen geholfen werden, den Verlust natürlicher Kleingewässer zu verkraften.

Großer Kohlweißling

Pieris brassicae

➤ Aussehen
Der Große Kohlweißling hat eine Spannweite von 5–6 cm. Charakteristisch ist die breite braunschwarze Vorderflügelspitze; das größere Weibchen hat zusätzlich 2 schwarze Flecken auf der Oberseite (das Männchen auf der Unterseite) und in der Frühjahrsgeneration oft gelbliche Hinterflügel.
Der ähnliche **Kleine Kohlweißling** *(Pieris rapae)* ist mit einer Spannweite von 4–5 cm deutlich kleiner, die dunklen Flügelspitzen und Flecken sind nur undeutlich; die Unterseite der Hinterflügel ist gelblich. Ähnlich sehen Raps- und Baumweißling aus.

➤ Vorkommen
Der Große Kohlweißling lebt wie fast alle Weißlinge in offenen Landschaften, also nicht in Wäldern, wohl aber an Waldrändern; im Gebirge kann man ihn bis in eine Höhe von 2000 m beobachten. Er tritt in 2–3 Flugzeiten auf: im April/Mai, im Juli/August und gelegentlich noch einmal im September/Oktober.

➤ Lebensweise
An Geruch und Färbung erkennen sich die Geschlechter. Männchen verfolgen Weibchen in ungestümen Spiralflügen. Bei schlechtem Wetter ruhen die Falter unter Blättern. Das Überwinterungsstadium ist die Puppe.

➤ Fortpflanzung
Die Eier sind kegelförmig, goldglänzend und werden in Haufen auf und unter den Blättern von Kreuzblütlern abgelegt. Die oberseits bläulichgrüne Raupe hat eine gelbe Unterseite und gelbe Rücken- und Seitenstreifen, die Seiten sind schwarz punktiert. Die Gürtelpuppe ist gelblichgrün mit schwarzen Punkten.

➤ Nahrung
Die Raupen leben fast ausschließlich von kultivierten und wild wachsenden Kohlgewächsen, gelegentlich auch von Kapuzinerkresse (die ebenfalls Senföle enthält). Die Falter saugen an Disteln und anderen Blüten.

➤ Allgemeines
Die Sommergeneration tritt in manchen Jahren sehr zahlreich auf, zieht auch in größeren Schwärmen über weite Strecken und kann in Kohlkulturen schädlich werden. Hauptfeind der Raupen ist eine kleine parasitische Brackwespe; die Larven einer Zehrwespe vernichten viele der Puppen.
Neben den überwiegend weißen Faltern gehören auch etliche gelbe Arten zu den Weißlingen, so Postillon, Heufalter und Zitronenfalter. Weiß mit orangegelben Vorderflügelspitzen ist der schöne Aurorafalter-Mann. Männchen und Weibchen sind bei den Weißlingen fast immer unterschiedlich gefärbt und gezeichnet, ebenso die Frühjahrs- und Sommergeneration.

Beim Kohlweißling ist ausnahmsweise einmal das Weibchen mit seinen 2 schwarzen Punkten auf der Oberseite des Vorderflügels auffälliger als das Männchen.

Zitronenfalter

Gonepteryx rhamni

Typischer als die gelbe Farbe ist die elegante Form der Flügel des Zitronenfalters. Nach ihrer Winterstarre sind sie oft die ersten Frühlingsboten unter den Insekten.

➤ Aussehen

Die Flügelspannweite der Zitronenfalter beträgt 5–6 cm. Nur die Flügel der Männchen sind ober- und unterseits kräftig zitronengelb, die der Weibchen dagegen blass grünlichweiß, sodass man sie bei oberflächlicher Betrachtung für Kohlweißlinge halten kann. Unterscheidbar sind sie aber immer an den elegant geschwungenen und zu kleinen Zipfeln ausgezogenen Vorder- und Hinterflügeln. Beide Geschlechter tragen in der Mitte beider Flügelpaare je einen kleinen orangefarbenen Fleck. Überwinternde Exemplare haben oft braune Flecken am Flügelrand.

➤ Vorkommen

Die Art ist in Europa weit verbreitet und meist häufig. Lichte Wälder mit einem breiten Blütenpflanzensaum sind der bevorzugte Lebensraum des Zitronenfalters. Sie kommen aber auch in die Gärten der Siedlungen und Städte und gehen im Gebirge bis 2000 m hoch. Flugzeiten sind das frühe Frühjahr, der Juli und der Herbst.

➤ Lebensweise

Im Gegensatz zu den meisten Tagfaltern, die nur wenige Wochen leben, ist der Zitronenfalter ausgesprochen langlebig. Allerdings verbringt er einen großen Teil seines fast einjährigen Falterlebens in Ruhestarre. Die Falter schlüpfen Anfang Juli, fliegen 8–10 Tage und verfallen dann in eine Sommerstarre. Erst im September/Oktober fliegen sie noch einige Zeit, fallen aber alsbald wieder in eine Winterstarre, aus der sie erst die Frühlingssonne wieder erweckt. Für ihren Winterschlaf suchen sie nicht, wie etwa Pfauenauge und Kleiner Fuchs, besonders geschützte Stellen auf, sondern verbringen die kalte Zeit frei an einem Grashalm am Waldrand oder an einem immergrünen Zweig. Frost und Schnee können ihnen kaum etwas anhaben.

➤ Fortpflanzung

Paarung und Eiablage finden erst nach Überwinterung der Falter statt, meist im April. Die kegelförmigen, weißgrauen Eier mit 4 Streifen werden einzeln an der Futterpflanze abgelegt. Die mattgrüne Raupe hat einen weißlichen Längsstreifen über den Füßen; der Kopf ist auffallend klein und wie die Stigmen dunkler grün. Die eckige Puppe ist grün mit 2 hellgelben Seitenstreifen.

➤ Nahrung

Man findet die Raupen von Mai bis Anfang Juli an den Blättern von Faulbaum und Kreuzdorn.

➤ Allgemeines

Die Adern auf der Flügelunterseite sind stark entwickelt und haben Ähnlichkeit mit Blattadern. Das bietet dem mit zusammengeklappten Flügeln ruhenden oder überwinternden Falter einen guten Tarnschutz.

Kleiner Fuchs

Aglais urticae

➤ Aussehen

Der Kleine Fuchs hat eine Spannweite von 4–5 cm. Ein bunter, nicht sonderlich charakteristisch gefärbter Falter, den man mit dem allerdings wesentlich selteneren Großen Fuchs verwechseln kann. Ähnlich sind fuchsbraune Grundfarbe und schwarze Fleckung des Vorderflügels, anders die blauen Fleckenreihen am Rand von Vorder- und Hinterflügeln. Unterseite der Hinterflügel braunschwarz mit hellerem Rand. Der viel seltenere **Große Fuchs** *(Nymphalis polychloros)* hat eine Spannweite von 5,5–6 cm. Der für den Kleinen Fuchs so typische blaue Fleckensaum ist beim Großen nur schwach auf dem Hinterflügel ausgebildet, der weiße V-Fleck in der Spitze des Vorderflügels fehlt. Seine Raupen leben gesellig in einem lockeren Gespinst auf Ulmen, Kirschbäumen, Weiden und anderen Laubbäumen.

➤ Vorkommen

In ganz Europa findet man den Kleinen Fuchs in allen offenen und besonders in blütenreichen Landschaften; im Gebirge bis 3000 m Höhe. Fliegt in 2–3 Generationen von Juni bis zum Spätherbst und nach der Überwinterung im April/Mai.

➤ Lebensweise

Die Falter der letzten Generation verkriechen sich im Spätherbst in Baumhöhlen, Mauerspalten, Gartenhäusern und auf Dachböden und überstehen mit zusammengeklappten Flügeln die kalte Zeit. Ihre Wiederbelebung hängt nicht von einer inneren Uhr ab, sondern von der Temperatur: Die ersten warmen Tage locken sie bereits wieder ans Tageslicht. Die männlichen Falter beanspruchen ein Revier, aus dem sie Rivalen vertreiben, während sie vorbeifliegende Weibchen umwerben.

➤ Fortpflanzung

Nach der Paarung legen die Weibchen ihre Eier in Gruppen auf der Unterseite von Brennnesselblättern ab. Die tonnenförmigen Eier sind dunkelgrün, mit hellgrünen Längsrippen. Die braunschwarzen Raupen tragen unterbrochene gelbliche Rücken- und Seitenstreifen und kurze gelbgrüne Dornen. Die graubraune Puppe hat schwache Goldpunkte.

➤ Nahrung

Die Raupen leben gesellig auf Brennnesseln; die Falter saugen im Herbst gern an faulendem Fallobst.

➤ Allgemeines

Die Art ist überall noch recht häufig, leidet aber am Verlust von Unkrautfluren. Mit Brennnesseln und nektarreichen Blüten können wir sie im Garten fördern.

Ein frisch geschlüpfter Kleiner Fuchs ist mit seinen Perlenrändern eine ausgesprochene Schönheit. Seine dornigen Raupen (S. 36) empfinden die meisten als weniger schön.

Tagpfauenauge

Inachis io

Die großen Augenflecken des Tagpfauenauges gelten als Schreckzeichnung; tatsächlich präsentiert sie der Falter mit ruckartigen Bewegungen, etwa wenn ihm eine Biene zu nahe kommt.

➤ Aussehen

Ein bunter Falter mit auffallenden Augenflecken an den Spitzen der Vorder- und an den Seiten der Hinterflügel, die ihn unverwechselbar machen. Die Flügel sind im Umriss geschwungen und gezackt, ihre Unterseiten sehr dunkel. Das Weibchen ist etwas größer als das Männchen. Spannweite 5–6 cm.

➤ Vorkommen

Die Falter fliegen in offenem Gelände, auf blütenreichen Wiesen, an Waldrändern, über Lichtungen, in Gärten. Im Gebirge findet man sie bis in eine Höhe von 2500 m. Flugzeiten: nach der Überwinterung im April/Mai und nach Schlupf der nächsten Generation von Juli an bis in den Spätherbst.

➤ Lebensweise

Nördlich der Alpen tritt gewöhnlich nur eine Generation auf, nur in besonders warmen Gegenden folgt eine zweite. Da wie beim Zitronenfalter und Kleinen Fuchs die ausgewachsenen Insekten überwintern (geschützt in Spalten und Gebäuden), gehören sie auch zu den frühesten Schmetterlingen im Jahr.

➤ Fortpflanzung

Im Mai legen die Weibchen ihre Eier in Gruppen an Triebe und Blätter von Brennnesseln ab. Die grünen bis grauen Eier tragen Längsrippen. Die schwarzen Raupen haben einfache schwarze Dornen und sind weiß punktiert. Sie leben gesellig. Die Stürzpuppe (hängend) ist braungrau bis grünlich, trägt 2 Reihen glänzender Dornen und meist mehrere Metallflecken auf der Bauchseite. Mit Widerhaken am Ende der Puppenhülle hängt sich die Puppe an ein zuvor an der Unterlage befestigtes Seidenpolster.

➤ Nahrung

Die Raupen ernähren sich von Brennnesseln oder notfalls von Hopfen. Die Falter saugen gerne an Disteln, Sommerflieder (Buddleia) und anderen engröhrigen Blüten; im Herbst laben sich die Falter oft in großer Zahl an faulendem Fallobst.

➤ Allgemeines

Augenflecken deutet man als Schrecksignale, die oft mit zuckender Bewegung präsentiert oder beim Abflug sichtbar werden, wenn der Falter von einem Fressfeind überrascht wird. Die Schrecksekunde bei Vogel oder Eidechse mag ihm manchmal das Leben retten. Gegen seine Hauptfeinde, parasitische Fliegen und Schlupfwespen, nützen die Augenflecken natürlich nichts. Allerdings befallen diese Parasiten auch nur die Raupen. Wer die schönen Falter fördern möchte, sollte in seinem Garten an geeigneter Stelle kleine Inseln aus Brennnesseln dulden und den Faltern nektarreiche Blüten bieten.

Admiral

Vanessa atalanta

➤ Aussehen

Spannweite 5–6 cm. Ein braunschwarzer, prächtiger Falter mit weißen Flecken in den Spitzen der Vorderflügel sowie einem breiten orangeroten Band, das die Vorderflügel quert und sich im Saum der Hinterflügel fortsetzt. Die Unterseite des Vorderflügels ist bunt, die des Hinterflügels kräftig hell- und dunkelbraun marmoriert. Bei uns mit keiner anderen Art zu verwechseln.

➤ Vorkommen

Als Wanderfalter ziehen sie jedes Jahr zu Millionen im Mai/Juni aus dem Süden nach Mittel- und Nordeuropa und können bis 62° nördlicher Breite vordringen. Die unsteten Falter bevorzugen offenes und halboffenes, blütenreiches Gelände, wo sie in manchen Jahren im Spätsommer recht häufig sein können. Die Nachkommen der im Frühsommer eingewanderten Falter fliegen von Juli bis Oktober.

➤ Lebensweise

Nördlich der Alpen überstehen die Falter nur ausnahmsweise den Winter. Erfreulicherweise zählt der Admiral noch zu den häufigeren Faltern, wenn unsere Bestände auch von der Stärke des Einflugs aus Südeuropa abhängen. In guten Jahren kann man die schönen Tiere sogar mitten in der Stadt beobachten.

Die Farben und die oft von einem Flügel auf den anderen übergreifenden Muster vieler Schmetterlinge sind immer wieder Anlass, über ihre Entstehung und Bedeutung nachzusinnen.

➤ Fortpflanzung

Die im Mai/Juni zugewanderten Weibchen legen ovale grüne Eier mit Längsrippen, aus denen variabel gefärbte, hell- oder dunkelbraune bis schmutziggrüne Raupen schlüpfen, die gelbe Seitenstreifen und ebensolche Dornen haben. Man findet sie im Mai/Juni und dann wieder im August/September meist einzeln zwischen zusammengesponnenen Blättern ihrer Futterpflanze, wobei ihre gekrümmte Haltung während der Ruhe typisch ist. Die Puppe ist grau oder braun mit kleinen Metallflecken an der Bauchseite.

➤ Nahrung

Die Futterpflanzen der Raupen sind Große und Kleine Brennnessel, gelegentlich auch Disteln. Die Falter bevorzugen am Stamm austretende süße Baumsäfte und im Herbst den Saft faulenden Obstes, laben sich aber auch an nektarreichen Blüten.

➤ Allgemeines

Im Gegensatz zu den in Horden auftretenden Raupen des Kleinen Fuchses und des Tagpfauenauges machen sich die Raupen des Admirals bald selbstständig und verbringen ihre Ruhezeiten im Schutz eines zusammengesponnenen Blattes. Auch die Verpuppung findet an den Nahrungspflanzen statt – während etwa die Raupen des Kleinen Fuchses ziemliche Strecken zurücklegen, bevor sie sich z. B. in Schuppen und an anderen geschützten Stellen verpuppen.

Distelfalter

Vanessa cardui

➤ Aussehen

Spannweite 5–6,5 cm. Die dunklen Vorderflügelspitzen tragen einige weiße Flecken, ähnlich denen des Admirals. Die restliche Fläche der Flügeloberseiten ist orange- und dunkelbraun gefleckt. Sehr hübsch in Tarn- und Warnfarben gezeichnet ist die Unterseite der Flügel, die im Hinterflügel 4–5 recht auffällige Augenflecken aufweist. Beide Geschlechter sind gleich gefärbt und gezeichnet.

➤ Vorkommen

Die europäischen Tiere stammen meist aus Nordafrika, von wo aus sie jedes Frühjahr, teilweise das Meer überquerend, den Kontinent besiedeln, manchmal bis zum Nordkap. Als Lebensraum bevorzugt wird offenes blütenreiches Gelände, in dem die Futterpflanzen vorkommen. Zur Paarung treffen sich die rasanten Flieger gerne an Hecken und Ufergehölzen. Da sich Zuwanderer und hier geschlüpfte Falter mischen, kann man die Tiere von Mai bis Oktober fliegen sehen.

Mit seinen schnittigen Flügeln ist der Distelfalter ein rasanter Flieger, dem man die jährliche Wanderung über viele hundert Kilometer durchaus zutraut – was gleichwohl eine erstaunliche Tatsache bleibt.

➤ Lebensweise

Nördlich der Alpen pflanzt sich die Art in 2–3 Generationen fort. Die meisten Falter der Nachfolgegenerationen fliegen im Spätsommer nach Südeuropa bzw. Nordafrika zurück. Überwinternde Falter sind nördlich der Alpen die Ausnahme; die Bestände rekrutieren sich alljährlich aus der riesigen Zahl von Nachkommen nordafrikanischer Falter; dort fliegen sie das ganze Jahr. Da der Distelfalter nicht im Schwarm, sondern auf breiter Front wandert, fallen seine Wanderungen wenig auf, obwohl viele, viele Millionen Tiere ziehen.

➤ Fortpflanzung

Die dunkelgrünen Eier sind netzförmig gerippt; sie werden einzeln an die Unterseite der Blätter geklebt. Die Raupe ist grüngrau oder schwärzlich, mit gelben Flecken, Streifen und Punkten und kurzen, verzweigten gelben Dornen. Sie lebt wie die des nah verwandten Admirals (vorige Seite) einzeln zwischen zusammengesponnenen Blättern. Die Puppe ist grau oder braun und trägt auf der Bauchseite goldglänzende Punkte. Nach 14 Tagen schlüpft der Falter.

➤ Nahrung

Brennnesseln, Disteln oder Kletten sind die Futterpflanzen der Raupen. Die Falter besuchen gerne die Blüten vom Sommerflieder und dringen dabei sogar in Stadtgärten vor.

➤ Allgemeines

Noch immer weitgehend ungelöst ist die Frage, wie sich Insekten auf ihren Wanderungen orientieren. Man nimmt an, dass auch sie – wie Vögel und andere Tiere – Polung und Einfallswinkel des erdmagnetischen Feldes als Kompass nutzen, sich aber außerdem auch nach der Sonne und anderen Umweltfaktoren richten.

Nur wenige Falter sind auch unterseits so fantasievoll gezeichnet wie der Distelfalter.

Schwalbenschwanz

Papilio machaon

➤ Aussehen

Die Spannweite dieses schönen und stattlichen Falters beträgt 5,5–7,5 cm. Die Vorderflügel weisen auf schwarzem Grund 2 Reihen großer und 1 Reihe kleiner gelber Flecken auf. Dieses Muster erstreckt sich auch auf die Hinterflügel, die am Grund fast ganz gelb sind, an der Innenseite einen großen rotorangen Punkt tragen und in 2 kurze Schwanzspieße auslaufen; die blaue Fleckenreihe ist nur in der 2. Generation deutlich, in der 1. fast schwarz. Der Hinterleib der 1. Generation ist überwiegend schwarz, der der 2. gelb mit einem schmalen schwarzen Rückenstrich.

➤ Vorkommen

Von Nordafrika bis zum Nordkap verbreitet, in England nur im Osten. Die Art fliegt in offenem Gelände von den Meeresküsten bis in eine Höhe von 2000 m; bevorzugt werden Hügelkuppen aufgesucht. Die Falter fliegen in Mitteleuropa im April/Mai und Juli/August; sie wandern oft über größere Entfernungen.

➤ Lebensweise

Im Norden 1 Generation, bei uns 2, im Süden 3–4. Der Schwalbenschwanz überwintert als Puppe. Die Falter sind ausdauernde Flieger, nehmen nur wenig Nahrung auf und sterben nach der Fortpflanzung im Alter von wenigen Wochen.

➤ Fortpflanzung

Die kugeligen Eier mit schwacher Struktur sind anfangs hell, später dunkel. Die junge Raupe ist schwarz, mit roten Warzen und einem großen weißen Rückenfleck. Die erwachsenen Raupen sind grün-schwarz geringelt, mit je 6 orangen Punkten in den schwarzen Ringen. Die braune oder grüne Puppe ist mit einem Gürtelfaden befestigt.

➤ Nahrung

Die Raupen leben im Mai/Juni und August/September auf Doldengewächsen (Möhre, Pastinak, Dill, Kümmel, Haarstrang …).

➤ Allgemeines

Auch der Schwalbenschwanz ist bei uns deutlich seltener geworden, wenn er auch häufiger ist als der Wärme liebende Segelfalter. Da die Futterpflanzen der Raupen als Hochstauden an Wegrändern, Bahndämmen und ähnlichen Randstrukturen wachsen, wirken sich frühzeitige Pflegemaßnahmen fatal aus. In unseren Gärten können wir viel für die Erhaltung der gefährdeten Art tun, indem wir Doldenblütler anpflanzen und zur Reife kommen lassen.

In Form, Färbung und Zeichnung ist der Schwalbenschwanz gewiss unser schönster Falter. Übermäßige Landschaftspflege ist eine Ursache für seinen Rückgang.

Tauben-schwänzchen

Macroglossum stellatarum

Der klobige Leib zeigt schon, dass das Taubenschwänzchen nicht zu den Tagfaltern zählt; seine schmalen Flügel machen ihn zu einem ebenso ausdauernden wie geschickten Flieger.

➤ Aussehen

Die langen und schmalen Vorderflügel (Spannweite 4 cm) sind auf der Oberseite dunkelbraun bis dunkelgrau mit quer zur Äderung verlaufenden dünnen schwarzen Wellenlinien – eine in der Ruhestellung ausgezeichnete rindenartige Tarnfarbe. Die wesentlich kleineren Hinterflügel sind orangebraun oder rostgelb gefärbt. Der gedrungene Körper wirkt platt gedrückt. Der im Ruhezustand aufgerollte Saugrüssel ist fast so lang wie der Körper. Am Körperende befindet sich ein fächerartig ausbreitbarer Analbusch, an den Seiten des Hinterleibes befinden sich je 3 weiße Borstenbüschel.

➤ Vorkommen

Das Taubenschwänzchen ist in Mitteleuropa nicht bodenständig, sondern fliegt jedes Jahr Ende Mai, Anfang Juni aus Südeuropa zu; im Juli/August folgt eine zweite Generation von Zuwanderern. Nur die ersten Zuwanderer vermehren sich bei uns, wandern im Herbst aber entweder über die Alpen nach Süden oder werden Opfer der Kälte.

➤ Lebensweise

Auffällig ist das Taubenschwänzchen weniger durch seine Färbung als durch sein Verhalten: Wie ein winziger Kolibri stehen die Falter mit rasch schwirrenden Flügeln vor den Blüten, in die sie ihren ungewöhnlich langen Saugrüssel senken. Und wie ein Kolibri wechseln sie pfeilschnell von einer Blüte zur anderen.

➤ Fortpflanzung

Die Weibchen legen ihre runden, hellgrünen Eier einzeln an den Blättern der Nahrungspflanzen ab. Die erwachsene Raupe ist grün oder braun, dicht mit erhabenen weißen Pünktchen besetzt, über den Rücken ziehen sich 2 weiße Längsstreifen, über die Seiten je 1 gelber; am Körperende trägt sie ein bläuliches Horn mit brauner Spitze. Die braungraue Puppe liegt in einer kleinen Erdhöhle in der Nähe der Nahrungspflanzen. Die Falter schlüfen im August/September.

➤ Nahrung

Die verschiedenen Labkrautarten sowie die Blätter der Sternmiere bilden die Futterpflanzen der Raupen. Die Falter besuchen die verschiedensten Blüten und kommen mit ihrem langen Rüssel auch noch an den Nektar der engsten und längsten Kronröhren.

➤ Allgemeines

Andere Vertreter der Schwärmerfamilie gehören zu unseren größten und teilweise wunderbar gefärbten Faltern, so Lindenschwärmer, Totenkopf, Windenschwärmer, Ligusterschwärmer oder Weinschwärmer. Leider sind die meisten dieser Nachtfalter sehr selten geworden.

Zweifarbige Mauerbiene

Osmia bicolor

➤ Aussehen

Die nicht besonders großen Mauerbienen (8 mm die Männchen, 15 mm die Weibchen) sind stark behaart und unauffällig gefärbt. Besonders häufig ist im zeitigen Frühjahr die unserer Art ähnliche **Rostrote Mauerbiene** *(Osmia rufa)*.

➤ Vorkommen

Mauerbienen sind in Mitteleuropa weit verbreitet und kommen in verschiedenen Lebensräumen vor.

➤ Lebensweise

Die im Frühjahr aus Puppe und Schneckenhaus schlüpfenden weiblichen Bienen beginnen bald nach der Paarung mit der Suche nach geeigneten Nistmöglichkeiten, was in diesem Fall heißt: Schneckenhäuser einer bestimmten Größe. Nahezu den gesamten Sommer verbringen sie dann mit der arbeitsreichen Anlage von Wohnungen für ihre Nachkommen.

➤ Fortpflanzung

Die Zweifarbige Mauerbiene benutzt leere Schneckenhäuser zur Anlage ihrer Brutzellen. Dabei werden in jedem Schneckenhaus nur 1, höchstens 2 Zellen gebaut. Nachdem Proviant und Ei deponiert sind, wird eine Wand aus Pflanzenzement (eine Mischung aus zerkauten Blättern, Lehm und Speichel) eingezogen. Dann schleppt die Biene Steinchen, Erde, Holzstückchen herbei, füllt damit den vorderen Schneckengang und zieht wieder eine Wand ein. Dann wird das Schneckenhaus so gedreht, dass es lückenlos dem notfalls geglätteten Boden aufliegt. Zuletzt deckt die Biene das Schneckenhaus mit einem faustgroßen Haufen von dürren Halmen oder Kiefernadeln ab.

Der Aufwand, den Mauerbienen für ihren Nachwuchs betreiben, ist bewundernswert; leere Schneckenhäuser sind ihre bevorzugten Kinderwiegen, reich proviantiert und sorgfältig getarnt.

➤ Nahrung

Wie Honigbienen sammeln Mauerbienen als Nahrungsvorrat für ihre eingemauerte Brut Pollen, der meist mit Nektar vermischt wird (»Bienenbrot«). Im Gegensatz zur Honigbiene, die den Pollen an ihren Hinterbeinen sammelt und transportiert, gehören die Mauerbienen zu den Bauchsammlern, die den Pollen unter bürstenartigen Strukturen am Bauch sammeln.

➤ Allgemeines

Auch Wildbienen können stechen, tun dies aber nur in äußerster Bedrängnis und niemals aggressiv. Im Gegensatz zu den im Folgenden beschriebenen, Staaten bildenden Ameisen, Wespen und Honigbienen, gehören Mauerbienen zu den solitären (einzeln lebenden) Hautflüglern, die allerdings manchmal eine Tendenz zur Koloniebildung zeigen.

Honigbiene

Apis mellifica

Honigbienen gehören zu den Höschensammlern: Der an ihrem Haarkleid haftende Pollen wird zu kleinen Paketen an den Hinterbeinen zusammengekratzt und so in den Stock transportiert.

➤ **Aussehen**

Neben den Arbeiterinnen (13–15 mm), die die Masse der Stockbienen ausmachen, lebt in jedem Volk noch ein Eier legendes Weibchen, Königin genannt (22–25 mm). Zu bestimmten Jahreszeiten werden auch Männchen »produziert«, so genannte Drohnen, die in der Größe zwischen Arbeiterinnen und Königin stehen.

➤ **Vorkommen**

Die Honigbiene ist in Europa seit mindestens 5000 Jahren domestiziert; »wilde« Bienenvölker in hohlen Bäumen halten sich in unserem Klima meist nur kurze Zeit. Blütenreiches Kulturland, offene Heiden, vielfältiges Buschland und Wälder sind – möglichst in Gemengelage – Lebensraum der Biene.

➤ **Lebensweise**

Honigbienen haben ein hoch entwickeltes Sozialleben. Ein Volk besteht aus bis zu 50 000 Arbeitsbienen, die im Laufe ihres nur einige Wochen dauernden Lebens verschiedene Tätigkeitsphasen durchlaufen. Ihre Hauptaufgabe ist der Bau der Wachswaben, die Versorgung der Larven mit Futter (Pollen, Nektar und Drüsensekret) und das Sammeln von Wintervorräten (fermentierter und entwässerter Nektar = Honig). Mit einer Tanzsprache können sie sich gegenseitig über Trachtquellen informieren. Sehr ausgeprägt ist auch die Temperaturregulation im Stock. Der vom Menschen entnommene Honig muss in Form von Zucker als Wintervorrat wieder zugegeben werden.

➤ **Fortpflanzung**

Drohnen entstehen aus unbefruchteten Eiern in etwas größeren Zellen. Königinnen werden in extra großen Weiselzellen mit einem Überfluss an Honig und einem von jungen Arbeiterinnen abgegebenen Futtersaft ernährt, der hormonartige Stoffe enthält und auch der Königin verfüttert wird. Im Frühsommer fliegt die junge Königin aus und wird von den in 10–20 m Höhe bereits wartenden Drohnen besamt. Wenn sie zurückkehrt, tötet sie weitere weibliche Jungbienen und auch die alte Königin, sofern diese nicht bereits mit einem Teil der Arbeiterinnen als Schwarm ausgezogen ist. Der Samenvorrat reicht für die rund 100 000 Eier, die eine Königin während ihrer 3–5-jährigen Lebenszeit legt.

➤ **Nahrung**

Blütennektar und Pollen werden gesammelt sowie die süßen Ausscheidungen von Blattläusen (»Waldhonig«).

➤ **Allgemeines**

Im Gegensatz zu den Wespen können Bienen nur einmal stechen, da ihr Stachel mit Widerhaken besetzt ist, sodass Stachel und Giftapparat herausgerissen werden und die Biene stirbt.

Erdhummel

Bombus terrestris

➤ **Aussehen**
Eine große Hummel (bis 22 mm); bei sonst schwarzer Behaarung sind Vorderbrust und Vorderteil des Hinterleibs gelb und Hinterleibsende weiß behaart. Im Feld ist die Erdhummel nicht von der gleich gefärbten und gezeichneten **Hellgelben Erdhummel** *(Bombus lucorum)* zu unterscheiden.

➤ **Vorkommen**
In ganz Europa verbreitet, vielerorts die häufigste Hummel. Besiedelt die verschiedensten Lebensräume.

➤ **Fortpflanzung**
Junge Weibchen fliegen schon Ende März und suchen nach einem geeigneten Platz für ihr Nest. Das Nest wird bis 1 m tief im Boden in Mäuse- oder Maulwurfsgängen angelegt und mit Moos, Pflanzenfasern, Tierhaaren, Laub und ähnlichem Material isoliert. Die Waben sind mit einer Wasser abweisenden Wachsschicht gegen Nässe geschützt.

➤ **Lebensweise**
Eine gewisse Arbeitsteilung findet nicht nur zwischen Königin und Arbeiterinnen statt, sondern auch in der Gruppe der Arbeiterinnen, die sich z. B. im Innen- und Außendienst abwechseln. Auch beim Wächterdienst wechselt man sich nach einigen Tagen ab; Nestgenossen werden am Geruch erkannt. Bereits bei der Nestgründung sorgt die Königin für einen Nahrungsvorrat, indem sie für Tage mit schlechtem Wetter ein Wachstöpfchen nahe dem Eingang mit Nektar füllt. Später im Jahr können bis 500 Hummeln zu einem Nest gehören. Auch die Arbeiterinnen sammeln einen gewissen Vorrat an Pollen und Nektar in Wachstöpfen und leeren Puppenkokons.

➤ **Nahrung**
Erdhummeln gehören zu den Hummeln mit kurzem Rüssel. Um an Nektar zu gelangen, der in tiefen und engen Blütenröhren verborgen ist, beißen sie mit ihren kräftigen Mundwerkzeugen an einer durch Erfahrung gelernten günstigen Stelle ein Loch in die Blüte. Pollen sammeln sie wie andere Hummeln und Honigbienen in so genannten Schienenkörbchen der Hinterbeine.

➤ **Allgemeines**
Wie bei den Honigbienen entwickeln sich die Nachkommen eines Hummelweibchens den Sommer über zu kleineren und unfruchtbaren Weibchen, so genannten Arbeiterinnen. Im Herbst werden aber neue Königinnen und Männchen benötigt. Die Königinnen entstehen entweder durch Wegfall eines Hemmstoffes der alten Königin oder durch verbesserte Fütterung der Larven. Männchen entstehen aus unbesamten Eiern; sie fliegen bestimmte Flugbahnen in Nestnähe und markieren besondere Punkte mit einem Duftstoff.

Die wollig behaarten, gutmütigen Hummeln sind gern gesehene Besucher des Gartens (Hinweise zu ihrer Förderung ab S. 39).

Feldhummel (Ackerhummel)

Bombus agrorum

Da Hummeln sich selten so nah und still beobachten lassen, ist es gar nicht so einfach, sie in freier Natur zu unterscheiden; aber ein genaues Hinschauen lohnt sich; auf dem Foto eine Feldhummel.

➤ Aussehen

Auch bei dieser Art werden die im Herbst begatteten und im Frühjahr fliegenden Weibchen mit 15–16 mm am größten, während die erst ab Juni auftretenden Arbeiterinnen und Männchen nur 13 mm groß werden. Die Art ist in den verschiedenen Regionen ihres Verbreitungsgebietes sehr unterschiedlich gefärbt, besonders auf dem Hinterleib. Typisch ist ein Büschel gelblicher Haare auf dem Kopf, ein kräftig orangebraunes bis orangegelbes Fell auf dem Brustabschnitt und wieder fahle Haare neben dem schwarzen Pelz des Hinterleibs. Je kälter der Lebensraum, desto dunkler sind die Tiere.

➤ Vorkommen

In ganz Europa verbreitet und häufig. Durchaus nicht nur auf Felder beschränkt, sondern ebenso auf Wiesen, in Parks und Gärten, an Waldrändern, auf trockenen und feuchten Standorten. Im Bergland bis über die Waldgrenze.

➤ Lebensweise

Im Gegensatz zur Erdhummel bauen Feldhummeln oberirdische Nester aus Moos, Pflanzenfasern, Tierhaaren, Laub und ähnlichem Material. Das innere Dach wird von der Nestgründerin mit einer wasserundurchlässigen Wachsschicht versehen, die später von den Arbeiterinnen erweitert wird.

➤ Fortpflanzung

Die jungen, überwinterten Weibchen (Königinnen) fliegen ab Mitte April, stärken sich mit Pollen und Nektar und gründen dann ein Nest an möglichst regengeschützter Stelle. Gerne siedeln sie in und an Gebäuden, nicht selten werden auch alte Vogelnester ausgebaut. Die relativ kleinen Nester enthalten zur Zeit des maximalen Ausbaus nur 100–200 Zellen.

➤ Nahrung

Alle Hummeln ernähren sich rein vegetarisch, hauptsächlich von Pollen und Nektar, gelegentlich auch von Baum- und Fruchtsäften.

➤ Allgemeines

Wie bei den Wespen sterben alle Männchen, Arbeiterinnen und Larven mit Einbruch des Winters ab. Nur die jungen, frisch besamten Weibchen (Königinnen) überwintern in wettergeschützten Verstecken, z. B. unter Baumwurzeln oder in Erdlöchern.

Hummeln besitzen einen Giftstachel, dessen Gift einen starken Schmerz an der Einstichstelle bewirkt. Hummeln sind aber kaum aggressiv und stechen Menschen nur in äußerster Not.

Nicht selten trifft man in Gärten auch **Steinhummeln** *(B. lapidarius)* mit ganz schwarzer Behaarung und rostrotem Körperende. Weitere Arten sind die **Gartenhummel** (*B. hortorum;* Behaarung des Körpers von vorn nach hinten: gelb-schwarz-gelb-schwarz-weiß) und die **Wiesenhummel** (*B. pratorum*: gelb-schwarz-gelb-schwarz-orange).

Wespen sind nicht besonders beliebt, dabei ist ihr Leben und Treiben recht interessant. Allein schon ihre kunstvollen Nester lohnen unsere Aufmerksamkeit.

Gewöhnliche Wespe

Paravespula vulgaris

➤ Aussehen

Die Gewöhnliche Wespe dürfte allgemein bekannt sein, freilich ist sie von der ebenfalls häufigen **Deutschen Wespe** (*P. germanica*) nur an der Gesichtszeichnung zu unterscheiden. Recht ähnlich ist auch die **Sächsische Wespe** (*Dolichovespula saxonica*), deren kugelige graue Papiernester oft in Dachstühlen und Schuppen zu finden sind (vgl. Foto S. 40). Weniger häufig und verbreitet sind die **Rote Wespe** *(P. rufa)*, die **Waldwespe** *(Dolichovespula sylvestris)* und die **Norwegische Wespe** *(D. norvegica)*. Wer nicht genau hinschaut, mag die Gewöhnliche Wespe auch mit **Feldwespen** oder sogar mit **Schwebfliegen** (vgl. übernächste Art) verwechseln. Wie bei allen Faltenwespen ist der kleine Hinterflügel mit dem großen Vorderflügel durch Häkchen dauerhaft verbunden.

➤ Vorkommen

Verbreitet und häufig. Da mit Einbruch des Winters alle Wespen samt ihrer Brut sterben und nur die jungen Königinnen den Winter in einem Versteck überleben, treten Wespen erst ab Juni häufiger auf, wenn die erste Generation an Arbeiterinnen geschlüpft ist. Ihre Zahl nimmt weiter bis in den Herbst zu.

➤ Lebensweise

In der Giftdrüse wird ein Stoff erzeugt, der bei Gefahr in Richtung des Störenfrieds abgegeben wird und die Nestgenossen zum sofortigen Angriff alarmiert. Es ist auch nachgewiesen, dass der Finder einer ergiebigen Zuckerquelle seine Stockgenossen zum Suchen nach dem mitgeteilten Duft animiert.

➤ Fortpflanzung

Im späten Frühjahr bauen die überwinterten Königinnen ihr kugelförmiges Nest aus abgeschabtem Holz und Speichel meist unterirdisch in Mäuse- oder Maulwurfsgänge. Die verschiedenen Hüllen wirken als Temperaturausgleich für die im Innern hängenden Waben, die aus dem gleichen »Pappmaschee« gemacht sind. Haben die Larven ihre volle Größe erreicht, spinnen sie sich in einen Puppenkokon ein, aus dem sie nach der Verwandlung als flugfähiges Insekt hervorkriechen. Die im Spätsommer auftretenden Männchen entstehen aus unbesamten Eiern.

➤ Nahrung

Die Larven werden mit bereits zerkauten Insekten und Spinnen gefüttert, Junglarven auch mit Speicheldrüsensekret. Umgekehrt geben die Larven ein zuckerhaltiges Speicheldrüsensekret an die Arbeiterinnen ab. Im Herbst ernähren sich die Wespen fast nur noch von Nektar, Baumsäften und Fruchtfleisch.

➤ Allgemeines

Dass der Wespenstachel, im Gegensatz zu dem der Honigbiene, nach dem Stich nicht in der Haut des Menschen stecken bleibt, ist einerseits bedingt durch die Form der Widerhaken an den Stechborsten, andererseits durch eine festere Verankerung des Stachels im Hinterleib.

Hornisse

Vespa crabro

➤ Aussehen
Mit 20–35 mm ist sie die größte heimische Wespe; außerdem kann man sie an der rotbraunen Brust erkennen.

➤ Vorkommen
Hornissen sind in ganz Europa verbreitet und leben in Laubwäldern, Gärten und buschreichem Gelände.

➤ Lebensweise
Die befruchteten Weibchen überwintern und beginnen im Frühjahr (nicht vor Mitte April) mit dem Bau eines Nestes in Baumhöhlen, auch in Nistkästen, Schuppen und Dachböden. Baumaterial: zerkautes Holz mit Speichel. Das von der Königin errichtete Nest besteht aus einer aufgehängten, nach unten offenen kleinen Schale aus dem selbst verfertigten Papier. Im Gegensatz zu den ebenfalls häufig in Dachböden hängenden Nestern der Sächsischen Wespe ist der Baustoff der Hornissen nicht grau, sondern in Streifen gelblich und rötlich, da weniger verwittertes als frisches Weichholz abgenagt wird. An einem Stielchen hängt darunter die erste Wabe mit nur wenigen Brutkammern. Die ersten daraus geschlüpften Arbeiterinnen erweitern das Nest durch weitere, wesentlich größere Waben, die etagenweise von oben nach unten gebaut und mit mehreren Stielchen an die jeweils obere Wabe gehängt werden. Nach einer ersten kugelförmigen Schutzhülle werden allmählich weitere, faltenreiche Hüllen angefügt, die teilweise mit Lüftungsgängen versehen sind, durch die die Luft von unten nach oben streichen kann, wodurch das Innenklima reguliert wird. Solche bis 70 cm hohen und breiten Nester findet man erst im Spätsommer; darin können bis zu 5000 Hornissen und ihre Larven hausen.

➤ Fortpflanzung
Die jungen Geschlechtstiere paaren sich im Spätsommer im Bereich auffälliger Geländemarken, bei denen sie sich treffen.

➤ Nahrung
Die Beutetiere der Hornissen sind verschiedene, auch größere Insekten, darunter auch Honigbienen, deren Kropfinhalt sie nach Abbeißen des Hinterleibs gerne auflecken. Auch nachts gehen Hornissen auf die Jagd.

➤ Allgemeines
Der Stich der Hornissen ist schmerzhafter, aber nicht giftiger als der anderer Wespen oder Bienen. Nach neueren Untersuchungen sind selbst viele Hornissenstiche für den Menschen nicht gefährlich, sofern keine diesbezügliche Allergie vorliegt. Die für die Hälfte der Versuchstiere tödliche Dosis (LD 50) liegt für Ratten bei 154 Stichen je Kilogramm Körpergewicht!

Hornissen stehen im Ruf, sehr gefährlich zu sein; sie sind aber weder aggressiv noch besonders giftig.

Schwarzgraue Wegameise

Lasius niger

➤ Aussehen

Die lebenslang flügellosen Arbeiterinnen werden 4 mm lang, die geflügelten Männchen nur wenig größer, die vor der Paarung geflügelten, dann flügellosen Königinnen hingegen werden 12 mm lang und haben einen dicken Hinterleib.

➤ Vorkommen

Unsere häufigste Ameise kommt in sehr verschiedenem Gelände vor, auch in Gärten. Bevorzugt werden sonnige Stellen mit ungestörter, nicht zu hoher Vegetation. Häufig gemähte Wiesen bieten den Ameisen kaum Lebensmöglichkeiten.

➤ Lebensweise und Fortpflanzung

Im Juni steigen die geflügelten Geschlechtstiere in Schwärmen auf, die Vögel (z. B. Möwen, Stare) anlocken. Nach der Begattung, die in der Luft stattfindet, kehren die befruchteten Weibchen zum Boden zurück, werfen die Flügel ab und gründen einen neuen Staat. Die junge Königin vergräbt sich an geschützter, sonniger Stelle im Boden (oft unter Steinen), legt ihre ersten Eier und füttert die daraus schlüpfenden Larven mit ihrem Speicheldrüsensekret. Sobald die ersten Arbeiterinnen schlüpfen, übernehmen sie die gesamte Versorgung der Königin und ihres Nachwuchses. Sie schleppen tierische und pflanzliche Nahrung in das aus vielen Kammern bestehende unterirdische Nest. Die aus den Nestern herausgeschaffte Erde wird oft (zwischen Gräsern) zu recht hohen gekammerten Bauten aufgeschichtet, in denen der Nachwuchs der Sonnenwärme ausgesetzt wird.

➤ Nahrung

Die süßen Ausscheidungen von Schild- und Blattläusen (»Honigtau« genannt) bilden die Hauptnahrung für Königin und Larven. Die Ameisen pflegen und verteidigen teilweise sogar Blattlauskolonien, indem sie z. B. die Larven von Marienkäfern oder Florfliegen beißen oder mit Säure bespritzen. Teilweise leben die »Honig« spendenden Blattläuse sogar an Wurzeln im Ameisennest. Die Arbeiterinnen leben zusätzlich von allerlei tierischen und pflanzlichen Abfällen, auch Samen und Früchten.

➤ Allgemeines

Ameisen gehören zu den Hautflüglern, also in die Verwandtschaft der Wespen, Bienen und Hummeln. Der bei den fliegenden Hautflüglern so verbreitete Stachel ist bei den Ameisen zurückgebildet; der Inhalt der entsprechende Giftdrüse (Ameisensäure) wird bei Bedrohung versprüht. Eine weitere in Gärten häufige Ameise ist die braune **Rasenameise** *(Tetramorium caespitum)* mit ähnlichen Lebensgewohnheiten.

Kaum jemand macht sich eine zureichende Vorstellung von der Bedeutung der Ameisen in den verschiedenen Lebensgemeinschaften. Durch die Hege von Blattlauskolonien (Foto) machen sie sich allerdings vielfach unbeliebt.

Winterschwebfliege

Episyrphus balteatus

Schwebfliegen haben keinen Giftstachel, doch die Nachahmung des Wespenmusters bietet ihnen Schutz vor Fressfeinden, die mit Wespen schlechte Erfahrungen gemacht haben.

➤ Aussehen

Die Winterschwebfliege heißt auch Gelbbindige Schwebfliege, da ihr nackter Hinterleib wespenartig gelb und schwarz geringelt ist. Der Brustteil ist schwarz, die Augen sind rotbraun und die Flügel durchsichtig. Die Fliegen werden 10–11 mm lang.

➤ Vorkommen

Blütenreiche Wiesen und Gärten. Diese häufige Art fliegt von Mai bis November.

➤ Lebensweise

Der Name Schwebfliege weist schon auf das typische Verhalten dieser Insekten hin: Insbesondere die Männchen verweilen im Schwirrflug, bei einer Schlagfrequenz von rund 300 Hertz, an einem Ort, den sie blitzschnell wechseln können. Auf diese Weise nähern sich die Männchen oft im Sturzflug den Weibchen. Gelegentlich finden auch Luftkämpfe zwischen Männchen statt.

➤ Fortpflanzung

Nach der Begattung legen die Weibchen ihre Eier in der Nähe von Blattlauskolonien auf der Unterseite von Blättern ab. Die daraus schlüpfenden Larven (Maden) besitzen winzige Scheinfüßchen, mit denen sie sich fortbewegen und an der Unterlage festkrallen können. Sie machen sich vor allem nachts über die Blattläuse her. Eine Larve kann in den nur 8 Tagen ihrer Entwicklung 700 Blattläuse verzehren.

➤ Nahrung

Die Imagines ernähren sich von Pollen und Nektar und spielen eine wichtige Rolle bei der Blütenbestäubung. Die Larven fressen Blattläuse. Beides ist Grund genug, Schwebfliegen im Garten willkommen zu heißen.

Wie die Larven von Florfliegen und Marienkäfern sind auch diejenigen von Schwebfliegen eifrige Blattlausjäger.

➤ Allgemeines

Schwebfliegen werden oft mit Bienen oder Wespen verwechselt, gehören aber mit Fliegen und Mücken zu den Zweiflüglern. Es sind mittelgroße bis stattliche Fliegen von sehr unterschiedlichem Aussehen: Sie können nackt oder pelzig behaart, gedrungen oder sehr schlank sein. Viele Arten sind auffällig gezeichnet, wespenartig hell-dunkel oder unscheinbar bienen- oder hummelartig. Dieses Vortäuschen von Wehrhaftigkeit bietet Schutz vor Feinden (Warntracht). Die Larven der Schwebfliegen ernähren sich auf recht unterschiedliche Art: Manche fressen Blattläuse, andere leben in Zwiebeln, wieder andere in Jauche und stark verschmutzten Pfützen, so etwa die so genannten Rattenschwanzlarven der **Mistbienen** *(Eristalis* sp.).

Erdschnake

Tipula sp.

➤ Aussehen

Schnaken sind 25–40 mm große Mücken mit sehr langen Beinen; Flügelspannweite bis 50 mm. Wegen ihrer vorgezogenen Mundpartie heißen sie auch Schnauzenmücken; sie sind in Mitteleuropa mit etwa 200 Arten vertreten. Nahe verwandt und ähnlich sind die Stelz- oder Sumpfmücken mit einigen 100 Arten in Mitteleuropa.

➤ Vorkommen

Die Maden leben in den oberen Bodenschichten von Wiesen, wo sie sich von Wurzeln ernähren. Die Flugtiere (Imagines) sind ebenfalls über Wiesen, aber auch an Waldrändern und in Gärten zu beobachten. Sie kommen oft in Häuser, besonders nachts, wenn sie vom Licht angelockt werden.

➤ Lebensweise

Im Gegensatz zu vielen Mücken stechen Schnaken und Stelzmücken nie, sie können nur Wasser und offene Pflanzensäfte aufnehmen. Ihre langen Beine weisen Sollbruchstellen auf, was wie bei Weberknechten dazu dient, Fressfeinde abzulenken. Im Übrigen dienen die langen Beine zum Festhalten im Gräserwald. Wie bei allen Zweiflüglern sind die hinteren Flügel als gut sichtbare Schwingkölbchen ausgebildet. Der Flug der Schnaken ist träge. Manche Arten bilden abends kleine Tanzschwärme.

➤ Fortpflanzung

Die grauen, madenförmigen Larven werden 25 mm groß (bei der Riesenschnake sogar bis 50 mm) und besitzen keine Füßchen. Das Hinterende der Larven sieht mit seinen Stigmen (Atemöffnungen) und dornartigen Fortsätzen wie eine »Teufelsfratze« aus. Mit den kräftigen Mundwerkzeugen zerkleinern die Larven auch härtere Pflanzenabfälle und morsches Holz und sind daher für die Humusbereitung wichtig. Verschiedene Arten (z. B. Kohlschnake, Wiesenschnake, Riesenschnake) können jedoch auch schädlich werden, da sie – besonders bei stärkerem Befall – auch Wurzeln und nachts Pflanzenteile knapp über dem Boden abfressen. Von der **Riesenschnake** *(Tipula maxima)* wurden schon bis zu 400 Larven pro m^2 beobachtet.

➤ Nahrung

Die Larven fressen Wurzeln von Gräsern und anderen Pflanzen sowie bodennahe Triebe und Blätter. Die Flugtiere können nur offene Flüssigkeiten aufnehmen.

➤ Allgemeines

Bei der Bodenbearbeitung stößt man oft auf die grauen Larven. Besonders häufig ist die **Kohlschnake** *(Tipula oleracea)*, die von April bis Oktober fliegt.

Erdschnaken werden als Besucher im Schlafzimmer nicht unbedingt geschätzt, obwohl sie völlig harmlos sind.

Hainlaufkäfer

Carabus nemoralis

Laufkäfer sind agile Räuber, die vor allem nachts auf die Jagd gehen; Hainlaufkäfer haben eine Vorliebe für Schnecken und werden daher im Garten geschätzt.

➤ Aussehen

Die 20–25 mm langen Käfer sind bronzefarben bis schwarzgrün glänzend, Flügeldecken und Halsschild sind violett oder blau gesäumt. Die Leisten auf den Flügeldecken erheben sich nur leicht. In regelmäßigem Abstand sind sie durch violette oder ungefärbte Vertiefungen unterbrochen. Der Kopf ist grob gerunzelt. Auch andere *Carabus*-Arten haben oft schön metallisch gefärbte Flügeldecken, so der goldgrüne **Goldlaufkäfer** oder **Goldschmied** *(Carabus auratus)* oder die kupferfarbene **Körnerwarze** *(C. cancellatus)* mit scharfen Längsleisten und Reihen glänzender Erhebungen dazwischen.

➤ Vorkommen

In Mitteleuropa, auf den Britischen Inseln, auf dem Balkan und in Nordspanien anzutreffen. Bevorzugt werden feuchte Wälder, Felder, Gärten vom Flachland bis in 2000 m Höhe.

➤ Lebensweise

Die Käfer sind im Frühjahr und Herbst aktiv, während des Sommers und im Winter ruhen sie in Bodenverstecken.

➤ Fortpflanzung

Nach der Paarung, die 30–45 Minuten dauern kann, legt das Weibchen im Lauf mehrerer Wochen 20–60 Eier meist einzeln in kleinen Erdhöhlen ab. Die nach einigen Tagen schlüpfenden Larven entwickeln sich bei ebenfalls räuberischer Ernährung in 8–10 Wochen und verpuppen sich dann im Boden.

➤ Nahrung

Wichtiger tag- und nachtaktiver Schädlingsvertilger; Imagines ernähren sich auch von reifem Obst.

➤ Allgemeines

Die Familie der Laufkäfer ist mit etwa 500 Arten in Mitteleuropa recht artenreich vertreten. Alle leben sowohl als Larven wie als Käfer räuberisch, besetzen aber sehr verschiedene ökologische Nischen. Alle sind mehr oder weniger schlank und gute Läufer mit kräftigen, langen Laufbeinen; ihr Flugvermögen ist hingegen meist schwach ausgebildet. Viele Arten sind Feuchtigkeit liebende Dämmerungstiere, die sich tagsüber unter Steinen oder in der Bodenstreu verstecken. Manche Arten können mit zu Grabbeinen verbreiterten Vorderbeinen gut graben. Alle Laufkäfer besitzen in Afternähe Stinkdrüsen, deren Sekret auf Angreifer gespritzt werden kann; besonders ausgeprägt ist diese Fähigkeit bei den **Bombardierkäfern** *(Brachinus sp.)*.

Aufgrund ihrer räuberischen Lebensweise gelten die Laufkäfer als wichtige Nützlinge im Garten und in der Landwirtschaft. Sie verzehren bis zum 3fachen ihres eigenen Körpergewichts pro Tag, z. B. Larven des Kartoffelkäfers oder Raupen des Kohlweißlings, aber auch Schnecken und Würmer.

Marienkäfer

Coccinellidae

Die Familie der Marienkäfer (Coccinellidae) ist weltweit mit rund 4000 Arten, in Mitteleuropa immerhin noch mit etwa 70 Arten vertreten. Sie sind in Färbung, Zeichnung und Größe (1–9 mm) recht verschieden. Gemeinsam ist den meisten Arten die Tatsache, dass sich Larven und Käfer gern von Blattläusen ernähren, weswegen sie im Garten sehr willkommen sind. Typisch für die Familie der Marienkäfer sind ihr hochgewölbter, halbkugeliger Körper und die mehr oder weniger punktförmigen Flecken auf den Flügeln, deren Form und Zahl allerdings auch innerhalb der Art oft stark variieren. Die oft zu hörende Ansicht, die Zahl der Punkte zeige das Alter der Käfer an, ist selbstverständlich nur ein liebenswerter Volksglaube; wie fast alle Insekten verändern sich auch Käfer nicht mehr, nachdem sie aus der Puppe geschlüpft sind. Außerdem ist ihr Leben in der Regel nur kurz und kann nicht nach Jahren gezählt werden.

Die Art der Färbung sowie der Grad der Pigmentierung sind von der Temperatur während der Entwicklung abhängig. In feuchteren und kühleren Gebieten sind die Käfer in aller Regel stärker gefärbt als in trocken-warmen Regionen. Bei Störung lassen sich Marienkäfer zu Boden fallen. Bei starker Bedrängung stellen sie sich auch tot und können eine gelbe giftige Flüssigkeit aus den Gelenkhäuten der Beine austreten lassen, die zum Beispiel Ameisen abstößt. Andere Raubinsekten und manche Vögel verzehren jedoch Marienkäfer trotzdem. Auf den Rücken gefallene Marienkäfer finden mit den Beinen keinen Halt, sodass sie ihre Flügel abspreizen, um wieder auf die Beine zu kommen.

Das Überwinterungsstadium ist die Imago. Besonders in Höhenlagen versammeln sich oft viele tausend Individuen an Stellen mit auffallenden Geländemarken (Bäume, Felsen, kahle Gipfel) und verbringen den Winter dicht gedrängt im Schutz des Bodens oder dichter Vegetation. Die meisten heimischen Arten treten mit nur einer Generation im Jahr auf.

Der Siebenpunkt-Marienkäfer ist seit eh und je Liebling aller Kinder – auch wenn er nicht aus Schokolade ist.

Bemerkenswert ist, dass nicht alle Blattläuse allen Marienkäfern gleich gut bekommen; so führt die Schwarze Holunderlaus beim Siebenpunkt zum Tod, während sie dem Zweipunkt gut bekommt. Neben räuberischen Arten gibt es auch vegetarisch lebende Marienkäfer.
Da neben dem allgemein bekannten Siebenpunkt auch andere Marienkäfer oft in unsere Gärten kommen, sollen hier wenigstens die Merkmale der häufigsten Arten kurz vorgestellt werden.

Siebenpunkt-Marienkäfer

Coccinella septempunctata

Der Siebenpunkt (5–8 mm) ist bei uns und in ganz Europa eine der häufigsten Arten, vor allem in der Kulturlandschaft. Käfer und Larven sind räuberisch und ernähren sich von Blattläusen, wobei eine Larve während ihrer Entwicklung bis zu 600 Blattläuse vertilgt. Jedes Weibchen legt rund 200 gelbe Eier an die Blattunterseite in der Nähe von Blattläusen. Die schwarzen Larven werden 9–12 mm lang. Die Käfer überwintern an geschützten Stellen (meist unter Rinde), oft in großen Ansammlungen.

Zweipunkt-Marienkäfer

Adalia bipunctata

Diese 4–6 mm große, sehr häufige Art hat auf jedem der roten Flü-

Der häufige Zweipunkt-Marienkäfer mit einem Punkt auf jedem Flügel ist in Farbe und Zeichnung variabel.

gel nur einen schwarzen Fleck; es kommen aber auch Individuen mit schwarzen Flügeldecken und insgesamt 4 roten Punkten vor. Von einer nah verwandten Art, dem **Zehnpunkt-Marienkäfer** *(Adalia decempunctata)*, kennt man sogar 80 verschiedene Varietäten.

Zweiundzwanzigpunkt-Marienkäfer

Thea vigintiduopunctata

3–5 mm, zitronengelb mit schwarzen Punkten (11 auf jedem Flügel). In ganz Europa; Laubwälder

Beim Zweiundzwanzigpunkt muss man genau hinsehen, um alle Punkte auf den Flügeln zu entdecken.

(Eiche), Gärten, etwas Wärme liebend. Larven und Käfer fressen Mehltau; Letztere überwintern in Bodenstreu oder altem Gras.

Augenfleckiger Marienkäfer

Anatis ocellata

8–9 mm, auf jedem Flügel 10 größere und kleinere schwarze, gelbweiß gesäumte Flecken. Durch Größe und Färbung unverwechselbar. Hauptsächlich Fichtenwälder. Frisst Fichtenblattläuse u. Ä.

Das Muster des Vierzehnpunkt-Marienkäfers erinnert an ein Schachbrett.

Vierzehnpunkt-Marienkäfer

Propylaea quatuordecimpunctata

3–5 mm, sehr variable schwarze Flecken auf gelbem Grund. Wird leicht mit der rötlicheren Art *Synharmonia conglobata* verwechselt. Ganz Europa, in Mitteleuropa sehr häufig; Laubwälder, Wiesen, Felder. Blattlausfresser; Überwinterung in der Streu.

Im Gegensatz zum Maikäfer ernährt sich der kleinere Junikäfer nicht von Blättern, sondern von Pollen und Nektar.

Gartenlaubkäfer (Junikäfer)

Phyllopertha horticola

➤ Aussehen

Der 9–12 mm große Käfer mit grün- bis schwarzmetallisch glänzendem Halsschild und hellbraunen, leicht behaarten Deckflügeln sieht einem kleinen Maikäfer ähnlich; Unterseite und Beine sind hell behaart. Der Gartenlaubkäfer ist die einzige Art der Gattung bei uns.

➤ Vorkommen

Die Art ist in ganz Mitteleuropa verbreitet und meist häufig. Waldränder, Wiesen und Gärten bis ins Bergland sind ihre bevorzugten Lebensräume.

➤ Lebensweise

Die Käfer fliegen später als die doppelt so großen Maikäfer. In Büschen, Bäumen und Blüten aller Art findet man sie oft sehr häufig. Die dicht über dem Boden schwärmenden Männchen finden schnell die aus dem Boden kriechenden Weibchen. Es kommt dann sofort zur Begattung, nach der das Weibchen zur Eiablage wieder im Boden verschwindet. Dieser Vorgang kann sich öfter wiederholen. Später fliegen Männchen und Weibchen gemeinsam umher und suchen geeignete Blüten, die ihnen Pollen und Nektar bieten. Danach kann es wieder zur Eiablage kommen.

➤ Fortpflanzung

Die Larven (Engerlinge) leben im Boden von feinen Wurzeln. Die Larvenzeit dauert 1–2 Jahre; die überwinternde Larve verpuppt sich im Frühling.

➤ Nahrung

Die bis 3 cm großen Engerlinge ernähren sich von den Wurzeln von Gräsern, Getreide und Klee. Die Käfer fressen das Laub von Eichen, Birken und Hasel sowie Blüten, vor allem von Rosengewächsen; sie richten aber kaum Schaden an.

➤ Allgemeines

Käfer besitzen 4 Flügel, von denen jedoch das vordere Paar zu harten Deckflügeln umgewandelt ist, die nicht am aktiven Flug teilnehmen. Die häutigen Hinterflügel sind meist größer als die Deckflügel und werden daher in der Ruhe meist kunstvoll zusammengefaltet darunter versteckt.

Der Gartenlaubkäfer gehört zur Familie der Blatthornkäfer, die mit rund 20 000 Arten (davon 150 in Mitteleuropa) eine der artenreichsten Insektenfamilien ist.

Als Junikäfer werden aber auch andere um diese Zeit fliegende Käfer bezeichnet, so der **Sonnenwendkäfer** *(Amphimallon solstitialis)*. Ein weiterer deutscher Name für den Gartenlaubkäfer ist Kleiner Rosenkäfer, da er neben anderen Blüten auch gerne Rosenblüten besucht.

Rotgelber Weichkäfer

Rhagonycha fulva

➤ Aussehen
Dieser schmale, längliche Käfer wird 7–11 mm lang und ist gelbrot mit dunkleren Flügelspitzen (er wird auch Rotbrauner Weichkäfer genannt). Die Flügeldecken sind mit kurzen, flaumigen Haaren besetzt, was ihm ein mattes Aussehen verleiht. In Mitteleuropa leben 17 Arten der gleichen Gattung, die nur schwer zu unterscheiden sind.

➤ Vorkommen
Der Rotgelbe Weichkäfer ist in ganz Mitteleuropa verbreitet; Wiesen, Buschland, Waldränder, Getreidefelder sind seine bevorzugten Lebensräume.

➤ Lebensweise
Von Ende Juni bis August ist die Art der häufigste Weichkäfer. Man findet die Tiere oft in großer Zahl auf Doldenblüten, wo sie anderen Insekten auflauern, Nektar lecken und sich paaren. Die Larven überwintern unter Steinen und Moos und verpuppen sich im Frühjahr in einer kleinen Erdhöhle.

➤ Fortpflanzung
Die Larven aller Weichkäfer sind samtartig behaart. Manchmal sind sie auch im Winter aktiv und werden dann als »Schneewürmer« bezeichnet. Der Rotgelbe Weichkäfer durchläuft 7 Larvenstadien.

➤ Nahrung
Die meisten Insekten sind Nahrungsspezialisten, zumindest in dem Sinn, dass sie entweder tierische oder pflanzliche Kost bevorzugen. Weichkäfer haben sich nicht in dieser Weise spezialisiert. Sie verzehren weichhäutige Insekten und Insektenlarven ebenso wie zarte Pflanzentriebe oder Pollen und Nektar aus Blüten. Dass sie dabei die Blüten von Doldengewächsen bevorzugen, hängt damit zusammen, dass die ihren Nektar nicht in engen, tiefen Kronröhren verstecken, sondern offen präsentieren, sodass auch Käfer, die keinen langen Saugrüssel haben, an die süßen Ausscheidungen gelangen.

➤ Allgemeines
Ebenfalls sehr häufig findet man auf Doldenblüten den etwas größeren (10–12 mm) **Gewöhnlichen Weichkäfer** *(Cantharis fusca)*, er hat schwarze Flügeldecken und einen gelbroten Halsschild mit einem herzförmigen schwarzen Fleck.
Die Familie der Weichkäfer ist mit etwa 90 verschiedenen Arten in Mitteleuropa vertreten. Ihre Deckflügel und andere Körperteile sind nicht so hart wie bei anderen Käfern – daher Weichkäfer. Wegen ihrer Färbung werden sie auch Soldatenkäfer genannt: Flügeldecken und Halsschild sind oft unterschiedlich gefärbt.

Die schmalen rotbraunen Käfer versammeln sich oft in großer Zahl auf Doldenblüten, wo sie das Geschäft der Selbsterhaltung mit dem der Arterhaltung zu verbinden wissen.

Die Männchen des Kleinen Glühwürmchens haben kräftige Leuchtorgane, die sie im Flug zur Geltung bringen.

Kleines Glühwürmchen

Lamprohiza splendidula

➤ Aussehen

Etwa 8–10 mm lange Käfer, von denen allerdings nur die schwarzbraunen Männchen Flügel tragen; diese besitzen auch mächtige Komplexaugen zum Auffinden der strahlenden, aber eher unbeweglichen Weibchen. Die flügellosen Weibchen gleichen Larven, unterscheiden sich allerdings vom eigenen Nachwuchs schon durch die Farbe: Die Weibchen sind weißlich oder hellbraun, die Larven grau. Die Leuchtorgane sind bei den Männchen des **Großen Glühwürmchens** *(Lampyris noctiluca)* nur sehr schwach entwickelt; leuchtend herumfliegende Glühwürmchen sind immer Männchen des Kleinen Glühwürmchens. Im Gegensatz zu den Männchen besitzen die Weibchen beider Arten einen gut entwickelten Leuchtapparat auf der Unterseite des Hinterleibs. Die Weibchen des Großen Glühwürmchens sind mit 12–15 mm Länge deutlich größer als die Männchen (10–12 mm).

Die Larven des Großen Glühwürmchens unterscheiden sich von den ebenfalls flügellosen Weibchen vor allem durch ihre dunklere Farbe, außerdem können sie nicht leuchten.

➤ Vorkommen

Etwas feuchte Gebüsche und Laubgehölze in milder Lage sind die bevorzugten Lebensräume der Glühwürmchen.

➤ Lebensweise

Wenn die Weibchen begattungswillig sind, klettern sie auf erhöhte Pflanzen und heben ihren Hinterleib mit dem Leuchtorgan. Das Männchen erkennt die Weibchen der eigenen Art am Muster des Leuchtorgans. Tagsüber sind die Tiere weitgehend inaktiv.

➤ Fortpflanzung

Die Weibchen legen im Juni und Juli ihre Eier an Pflanzen der bodennahen Vegetation ab.

➤ Nahrung

Die Larven ernähren sich ausschließlich von Schnecken, die sie mit einem Verdauungsenzym lähmen und zu einem Nahrungsbrei verflüssigen.

➤ Allgemeines

Die »Lampen« der Leuchtkäfer sind kompliziert gebaut, und ihre Funktionsweise ist ein nicht minder komplizierter chemischer Prozess, bei dem eine Substanz (Luciferin) durch ein nervös kontrolliertes Enzym (Luciferase) als Katalysator mit Sauerstoff oxidiert und dabei leuchtet. Als Reflektor dient eine Fettschicht.
Ausnahmsweise kommt die volkstümliche Bezeichnung »Würmchen« diesmal von genauerem Hinsehen. Denn gewöhnlich fallen die in lauen Sommernächten geheimnisvoll leuchtenden Johanniskäfer (weil sie meist um die Johannisnacht im Juni schwärmen) durch ihr Herumschweben auf. Und dass Würmer nicht fliegen können, weiß schließlich jedes Kind. Erst wenn man so ein still im Laub sitzendes Lämpchen fängt und bei (stärkerem) Licht betrachtet, mag man angesichts fehlender Flügel das Ding für ein Würmchen halten. Allerdings eins mit 6 Beinen – was dann doch wieder gegen »Würmchen« spricht.

Gewöhnliche Florfliege

Chrysopa perla

➤ Aussehen

Die zart beflügelten Tiere sind bekannt, da sie nachts ans Licht fliegen und oft in Gebäuden überwintern. Ihr Körper ist gewöhnlich grün und so sind auch meist die Adern der glasklaren Flügel gefärbt. Im Winter geht das Grün des Körpers in Braun über, während sich die Flügeladern meist entfärben. In der Ruhe legen sie ihre großen, den Körper weit überragenden Flügel dachförmig über dem Rücken zusammen. Wegen ihrer vorstehenden, goldenen Augen werden sie auch Goldaugen genannt. Der stabförmige Körper ist nur etwa 10 mm lang, die Spannweite der Flügel beträgt jedoch 30 mm. Die Fühler sind fast körperlang.

➤ Vorkommen

In ganz Europa ziemlich häufig; in Gärten, auf Wiesen, in lockeren Laubwäldern. Die Gewöhnliche Florfliege kommt in einer ersten Generation ab Juli und in einer zweiten ab September vor, die dann überwintert.

➤ Lebensweise

Die stets etwas träge wirkenden Tiere fliegen hauptsächlich nachts. Dabei kommt ihnen ein auf Ultraschall ansprechendes Organ an der Basis der Vorderflügel zugute, das es ihnen erlaubt, im Sturzflug abzutauchen, wenn sie die Ortungslaute von Fledermäusen empfangen. Auch die Geschlechter kommunizieren durch Ultraschall-Laute, die sie durch Reiben von Borstenfeldern an Vorderflügeln und Rücken erzeugen. Außerdem besitzen sie an den beiden Seiten der Vorderbrust Ausmündungen einer Wehrsekret absondernden Drüse, mit der sie sich kleinere Feinde vom Leib halten können.

➤ Fortpflanzung

Die Weibchen legen die Eier meist in der Nähe von Blattlauskolonien ab. Man erkennt die Gelege daran, dass die Eier auf langen dünnen Stielen sitzen. Die Larven sind lang gestreckt und borstig behaart. Viele Arten tarnen sich mit leeren Blattlaushüllen, Rindenstückchen oder der Wachswolle ihrer Beute. Nimmt man ihnen diese Tarnung, werden sie von den blattlaushütenden Ameisen aus den Kolonien entfernt. Die Larven verpuppen sich in einem Kokon. Die Entwicklung der meisten Arten ist einjährig.

➤ Nahrung

Larven und Imagines ernähren sich räuberisch, vor allem von Blattläusen, aber auch von anderen kleinen Insekten.

➤ Allgemeines

Ähnliche Netzflügler sind unter anderen die braunen Köcher- und Schlammfliegen in Gewässernähe, der Braune Blattauslöwe und die Dunkle Schwammfliege.

Mit ihren großen gläsernen Flügeln können sie zwar nur träge fliegen, sehen aber wunderschön aus. Weniger hübsch, dafür sehr nützlich sind ihre Blattläuse fressenden Larven (vgl. S. 46).

Großlibellen oder Drachenfliegen sehen nicht nur wie altertümliche Flugmaschinen aus, sie sind es auch: seit Jahrmillionen fast unverändert. Von ihren Flugkünsten kann unsere Technik aber immer noch lernen.

Blaugrüne Mosaikjungfer

Aeshna cyanea

➤ Aussehen

Körperlänge und Flügelspannweite 70–80 mm. In beiden Geschlechtern oberseits 2 breite grüne Streifen zwischen Kopf und Flügeln und beiderseits 2 ebenso gefärbte, schräg verlaufende Brustbinden. Auch der Hinterleib ist beim Weibchen ganz, beim Männchen größtenteils grünschwarz gefärbt; die letzten 3 Segmente des Männchens sind blau gefleckt, blaue Flecken zieren auch seine Seiten.

➤ Vorkommen

Wohl unsere häufigste und anpassungsfähigste Großlibelle, daher weit verbreitet, zwischen Juni und August auch fernab von Gewässern. Die verschiedensten, vor allem aber kleine stehende Gewässer (auch Gartenteiche) dienen als Aufzuchtgewässer. Flugzeit von Mitte Juni bis Ende Oktober. Meist verlassen die jungen Libellen aber ihr Heimatgewässer und kehren erst im August und September zur Fortpflanzung dorthin zurück.

➤ Lebensweise

Als rasante Flieger legen sie weite Strecken zurück. Man findet sie daher in den verschiedensten Lebensräumen, wo sie der Insektenjagd nachgehen können. Zur Zeit der Eiablage (August bis Anfang November) suchen die Männchen einzeln ein Gewässer auf, halten einige Zeit nach Eier legenden Weibchen Ausschau und verschwinden nach der Paarung wieder.

➤ Fortpflanzung

Die Weibchen aller Edellibellen legen die Eier nach der Paarung stets alleine ab, indem sie sich auf den Wasserpflanzen niederlassen (vgl. folgende Art). Die im Wasser lebenden Larven sind hellbraun bis fast schwarz und tragen eine lange, schmale Fangmaske. Die Larvenzeit dauert 1–2 Jahre.

➤ Nahrung

Die Larven ernähren sich je nach Entwicklungsstadium von kleineren und größeren Wassertieren, am Ende auch von Kaulquappen und kleinen Fischchen. Die Flugtiere erbeuten andere Fluginsekten, meist im Flug.

➤ Allgemeines

Auf der Suche nach Eier legenden Weibchen fliegen einzelne Männchen geeignete Gewässer ab und sind dabei wenig scheu; einem still sitzenden Menschen nähern sie sich oft neugierig auf wenige Zentimeter, was irrtümlich als »Angriffslust« gedeutet wird. Alle Libellen sind für Menschen absolut harmlos.

Die Libellen sind eine sehr alte Insektengruppe, die fast unverändert mehr als 300 Mio. Jahre überdauert hat. Wie alle urtümlichen Insekten entwickeln sie sich ohne Puppenstadium von der Larve zum flugfähigen Geschlechtstier. Man unterscheidet zwischen Großlibellen und Kleinlibellen oder Wasserjungfern. In Norddeutschland kommt an Gewässern mit Beständen der Krebsschere die ähnliche, sehr seltene **Grüne Mosaikjungfer** vor.

Hufeisen-Azurjungfer

Coenagrion puella

➤ Aussehen

Hufeisen-Azurjungfern gehören zu den Klein- oder Schlanklibellen und haben einen dünnen, langen Hinterleib, der die Flügel ein gutes Stück überragt. Die hellblau und schwarz gefärbten Männchen sehen denen der **Becher-Azurjungfer** *(Enallagma cyathigerum)* sehr ähnlich; unsere Art trägt auf dem 2. Segment des Hinterleibs ein schwarzes U oder »Hufeisen«. Die Weibchen sind grünlich, mit durchgehend schwarzer Hinterleibs-Oberseite (wie die meisten Weibchen der Azurjungfern).

➤ Vorkommen

Eine unserer häufigsten Kleinlibellen. Bevorzugt an stehenden Kleingewässern, auch an größeren Seen, nur selten an Fließgewässern. Flugzeit: Anfang Mai bis Anfang September.

➤ Lebensweise

Wie bei den meisten Libellen erscheinen Männchen und Weibchen meist nur kurzfristig zur Begattung beziehungsweise Eiablage am Brutgewässer und gehen im Übrigen an insektenreichen Orten der Jagd nach.

➤ Fortpflanzung

Bei der Eiablage steht das Männchen mit angezogenen Beinen steif über dem Weibchen, das es mit seinen Hinterleibsanhängen an der Vorderbrust umklammert hält. Manchmal sitzen bis zu einem Dutzend Weibchen mit den über ihnen stehenden blauen Männchen hintereinander auf einem Pflanzenstängel. Die aus den Eiern schlüpfenden Larven leben räuberisch am Gewässergrund und an Wasserpflanzen, überwintern dort auch in einem der letzten Stadien. Die Flugtiere schlüpfen im Mai.

➤ Nahrung

Die Larven ernähren sich von kleinen Wassertieren, die Imagines machen Jagd auf kleine Fluginsekten.

➤ Allgemeines

Kleinlibellen wie die Azurjungfern werden nur 30–50 mm lang, ihr Hinterleib ist extrem schlank und stabförmig, beide Flügelpaare sind gleich geformt (bei Großlibellen sind die hinteren Flügel breiter) und die großen Augen sind durch einen breiten Abstand voneinander getrennt, während sie bei den Großlibellen (vgl. vorige Art) meist oben in der Mitte zusammenstoßen. Ein weiterer Unterschied: Die Weibchen von Kleinlibellen legen ihre Eier stets im »Tandem« gemeinsam mit dem Männchen ab.

Warum die hübschen, eleganten und völlig harmlosen Kleinlibellen auch als Teufelsnadeln bezeichnet werden, ist kaum verständlich. Ihr Paarungsverhalten wirkt allerdings etwas überholt.

Das Große Grüne Heupferd ist unsere größte Heuschrecke. Besonders die Weibchen (rechts) sehen recht gefährlich aus; ihr »Stachel« dient aber nicht kriegerischen Zwecken, sondern als Legebohrer der Eiablage.

Großes Grünes Heupferd

Tettigonia viridissima

➤ Aussehen

Mit einer Körperlänge von bis zu 35 mm gehört das Große Heupferd zu unseren stattlichsten Springschrecken. Beim ausgewachsenen Tier überragen die Flügel den Körper weit, auch die Fühler sind fast körperlang; das Weibchen besitzt eine lange, ziemlich gerade Legröhre.

➤ Vorkommen

In Mitteleuropa verbreitet und nicht selten. Man findet die Tiere in Wiesen und Getreidefeldern ebenso wie auf Büschen und Bäumen. Die erwachsenen Tiere leben von Juli bis Oktober.

➤ Lebensweise

Heupferde klettern besonders nachts gerne ins Geäst von Büschen und Laubbäumen, wo sie bis in die Kronen vordringen können. Dort singen die Männchen ab Juli laut und ausdauernd, wobei sie wie alle Laub- oder Langfühler-Heuschrecken nur die Flügel aneinander reiben (vgl. nächste Art). Der Gesang kann mit Grillengesang verwechselt werden, der jedoch früher im Jahr und niemals von Bäumen ertönt. Trotz der langen Flügel fliegen Heupferde meist nur kurze Strecken, dafür können sie mit ihren kräftigen Hinterbeinen weit springen.

➤ Fortpflanzung

Die Weibchen legen mit ihrer Legröhre bis zu 100 Eier im Boden ab. Die Entwicklung beginnt erst nach dem Überwintern der Eier und ist bereits im Juli abgeschlossen.

➤ Nahrung

Jung- und Alttiere ernähren sich hauptsächlich von verschiedenen Kleintieren (Insekten), die mit den bedornten Vorderbeinen gefangen werden. Gelegentlich auch pflanzliche Kost.

➤ Allgemeines

Heuschrecken gehören zu den ursprünglicheren Insekten mit unvollkommener Verwandlung: Junge Heuschrecken sehen den Alttieren bis auf die Flügel (vgl. Foto S. 54) recht ähnlich und ernähren sich auch ähnlich. Die Gesänge der Heuschrecken unterscheiden sich von Art zu Art in Frequenz bzw. Tonqualität und Rhythmus. Sie dienen, ähnlich wie bei den Vögeln, dem Anlocken von Weibchen und der Reviermarkierung. Weitere häufige Laubheuschrecken sind die braune, 13–18 mm große **Gewöhnliche Strauchschrecke** *(Pholidoptera griseoaptera)* und die grüne, 10–16 mm große **Punktierte Zartschrecke** *(Leptophyes punctatissima)*.

Gewöhnlicher Grashüpfer

Chorthippus parallelus

➤ Aussehen
Die Männchen dieser sehr variabel, meist aber grün-bräunlich gefärbten Kurzfühlerschrecke sind mit 13–16 mm Körperlänge deutlich kleiner als die Weibchen (17–23 mm); dafür haben die Männchen fast bis zum Körperende reichende Flügel, während diese beim Weibchen kaum die Hälfte des Hinterleibs bedecken und zum Fliegen nicht geeignet sind. Die Färbung besonders der Weibchen ist zuweilen der Umgebung vorzüglich angepasst; das wird ermöglicht durch den bei Larven nachgewiesenen Farbwechsel nach der Häutung. Oft richtet sich auch die Wahl des Untergrundes nach dem Farbkleid. Das hintere Knie ist wie bei einigen ähnlichen Arten schwarz. Der **Berg-Heuhüpfer** *(Chorthippus longicornis)* sieht unserer Art sehr ähnlich, lebt aber nicht in trockenen, sondern in feuchten Wiesen.

➤ Vorkommen
In Mitteleuropa weit verbreitet und an geeigneten Orten häufig. Trockene, extensiv bewirtschaftete Wiesen und Weiden, bevorzugt in hängigem Gelände. Im Juni treten die ersten erwachsenen Feldheuschrecken auf.

➤ Lebensweise
Fast alle Geräusche erzeugenden Insekten haben auch die Fähigkeit zu hören – so auch die meisten Heuschrecken. Das Hörorgan sitzt bei den Feldheuschrecken, falls vorhanden, jederseits am 1. Hinterleibssegment. Die Weibchen können die artspezifischen Gesänge an Tonfarbe und Rhythmus genau unterscheiden, sodass Fehlverpaarungen selten sind.

➤ Fortpflanzung
Die Weibchen der Feldheuschrecken haben nicht wie die Laubheuschrecken einen langen Legebohrer. Sie verpacken bis zu 14 Eier in einem hart werdenden Sekretbeutel, der unter starker Streckung des Hinterleibs tief ins Substrat (Boden oder Laubstreu) abgelegt wird und dort überwintert. Aus den Eiern schlüpfen im Frühjahr die Larven, die wie die erwachsenen Tiere aussehen, aber keine Flügel haben. Sie häuten sich 4-mal und sind nach 2,5–3 Monaten erwachsen.

➤ Nahrung
Alle Laubheuschrecken sind reine Pflanzenfresser.

➤ Allgemeines
Die Gruppe der Kurzfühler- oder Feldheuschrecken ist bei uns mit etwa 40 Arten deutlich zahlreicher vertreten als die Langfühlerschrecken. Sie machen die große Menge der mittelgroßen Heuhüpfer aus, die in extensiv bewirtschafteten Wiesen vor uns aufspringen und mit ihrem Schrillen zum allgemeinen Sommerkonzert beitragen. Bei der Geräuscherzeugung werden grundsätzlich immer die Hinterbeine gegen die Flügel gestrichen (vgl. vorige Art).

Mit ihrem unermüdlichen »Gesang« an sonnigen Sommertagen tragen die kleinen Feldheuschrecken sehr zur Stimmung bei. Allerdings macht die moderne Landwirtschaft ihnen (und der Stimmung) das Leben schwer.

Beerenwanze

Dolycoris baccarum

➤ Aussehen
Die 10–12 mm großen Tiere sind an Kopf, Halsschild und Beinen abstehend behaart; die schwarzen Fühler sind weiß geringelt; die übrige, hauptsächlich olivbraune Färbung variiert stark.

➤ Vorkommen
Weit verbreitet in Gärten, an Waldrändern und auf Wiesen.

➤ Lebensweise
Saugt an den verschiedensten Pflanzen und Pflanzenteilen, bevorzugt auch an Beeren (z. B. Himbeeren), die durch den Gestank des Stinkdrüsensekrets ungenießbar werden. Die Imago überwintert.

➤ Fortpflanzung
Wanzen gehören zu den Insekten mit unvollständiger Verwandlung, das heißt, ihre Larven entwickeln sich von Häutung zu Häutung und ohne eingeschobenes Puppenstadium zum geflügelten Tier.

➤ Nahrung
Die Säfte verschiedener Pflanzen und Beeren.

➤ Allgemeines
Wanzen sind Insekten, deren Mundwerkzeuge einen schnabelartigen Rüssel bilden. Der Rüssel dient zum Anstechen und Aufsaugen nahrhafter Flüssigkeiten aus Tieren und Pflanzen. Sie leben im Wasser und auf dem Land. Zu den wasserlebenden Arten gehören so bekannte wie die Rückenschwimmer und Wasserläufer. Im Gegensatz zu diesen schlanken, räuberisch lebenden Tieren sind die an Pflanzen saugenden Wanzen meist breit und platt. Anders als die flügellosen Plattwanzen, zu denen auch die Bettwanze gehört, besitzen die Baumwanzen, zu denen man die Beerenwanze zählt, funktionsfähige Flügel, die allerdings teilweise oder ganz unter dem an das Halsschild anschließenden Schildchen versteckt sind. Viele der etwa 60 in Mitteleuropa vorkommenden Arten sind auffallend bunt. Es dürfte sich dabei um Warnfarben handeln, die unterstützt werden durch penetrant riechende Ausscheidungen bei Bedrohung. Bemerkenswert ist, dass sich die Färbung bei manchen Arten mit den Jahreszeiten (Temperaturen) regelmäßig verändert. Manche Schildwanzen können durch Reiben der Hinterbeine am Hinterleib Geräusche meist niedriger Frequenz erzeugen, deren Rhythmus der arteigenen Verständigung zwischen den Geschlechtern dient.

Neben der Beerenwanze kann im Garten auch die häufige **Grüne Stinkwanze** *(Palomena prasina)* auftreten, sie ist etwas größer (11–14 mm), saugt ebenfalls an verschiedenen Pflanzen, fällt aber auch über kleinere, weichhäutige Tiere her. Auf Doldenblüten findet man oft die schwarz und rot längs gestreifte, 8–11 mm große **Streifenwanze** *(Graphosoma lineatum)*.

Wanzen – auf dem Foto die Beerenwanze – stehen in unserer Gunst nicht sonderlich hoch, zumal viele von ihnen penetrant stinken können. Man muss aber zugeben: in puncto Mode weisen sie bemerkenswerten Geschmack auf.

Feuerwanze

Pyrrhocoris apterus

Das Design der Feuerwanzen muss man neidlos als modern und doch geschmackvoll bezeichnen; kaum zu glauben, dass sie diese Maskentracht wohl schon vor einigen Millionen Jahren entwickelt haben.

➤ Aussehen

Die Feuerwanze ist eine etwa 10 mm große schwarz-rote Wanze mit ovalem Körperumriss. Färbung und Zeichnung werden stark beeinflusst von verschiedenen Außenbedingungen. Vor allem wirkt sich die Temperatur auf die Ausbreitung der schwarzen Pigmente aus. Gewöhnlich lassen die Flügel der Feuerwanze das hintere Drittel des Hinterleibs frei wie auf unserem Foto. Allerdings sind die Flügel in Größe und Ausbildung häufig verschieden; so gibt es geflügelte, kurzflügelige und flügellose Individuen; man spricht in solchen Fällen von Polymorphismus.

Recht ähnlich rot-schwarz gezeichnet ist die zu den Bodenwanzen zählende **Ritterwanze** *(Lygaeus saxatilis)*.

➤ Vorkommen

Verbreitet und zumindest stellenweise sehr häufig. In der Regel findet man die auffallenden Tiere am Fuß älterer Laubbäume.

➤ Lebensweise

Feuerwanzen versammeln sich oft in Mengen unter (bestimmten?) Linden, stechen die herabgefallenen Samen an und saugen deren Saft auf.

➤ Fortpflanzung

Die Männchen erkennen die arteigenen Weibchen auf geringe Distanz an einem Sexuallockstoff. Die Paarung kann bis zu 30 Stunden dauern. Die etwa 100 Eier werden in selbst gegrabenen kleinen Erdhöhlen oder zwischen abgefallenem Laub abgelegt. Der Hinterleib der Larven ist nahezu einheitlich rot. Wie bei allen Wanzen findet die Verwandlung von der Larve zur Imago schrittweise, also ohne Puppenstadium, statt. Wegen der oben beschriebenen Polymorphie sind Larven und Geschlechtstiere nicht leicht zu unterscheiden.

➤ Nahrung

Neben den Säften verschiedener Pflanzen ist die Nahrung gelegentlich wohl auch tierischer Art, so hat man Feuerwanzen an Insekteneiern saugend und in großer Zahl an Aas beobachtet.

➤ Allgemeines

Die Feuerwanzen bilden eine eigene Familie (Pyrrhocoridae) und sind weltweit mit etwa 100, oft lebhaft rot-schwarz gefärbten Arten verbreitet, die in warmen Ländern durch Saugen an Kulturpflanzen (z. B. Baumwolle und Zuckerrohr) schädlich werden können. Duftstoffe spielen bei der innerartlichen Kommunikation eine wichtige Rolle. So bewirken bestimmte Lockstoffe (Pheromone) die Ansammlung von Wanzen, die offenbar auch dem Wärmehaushalt bei kühlen Temperaturen dient, da im Zentrum solcher Ansammlungen die Temperatur über der Umgebungstemperatur liegt. Andere Drüsenausscheidungen lösen Alarm- und Fluchtverhalten bei Artgenossen aus.

Gewöhnlicher Ohrwurm

Forficula auricularia

➤ Aussehen
Die braunen Tiere sind wohl allgemein bekannt. An der Größe der Hinterleibszangen kann man die Geschlechter unterscheiden, sie sind bei den Männchen größer und kräftiger als bei den Weibchen.

➤ Vorkommen
Unsere Art besiedelt Gärten, Parks und lichte Wälder.

➤ Lebensweise
Ohrwürmer sind dämmerungs- und nachtaktiv; tagsüber verstecken sie sich in dunklen Schlupfwinkeln und bilden hier manchmal Massenansammlungen, so unter Borke oder in umgekehrten Blumentöpfen mit Baumwolle, wie man sie gerne zur Schädlingsbekämpfung in Obstbäume hängt. Von unseren heimischen Arten ist aber nur der **Kleine Ohrwurm** *(Labia minor)* ein guter Flieger. Unsere Art besitzt zwar gut ausgebildete Flügel, jedoch meist eine zurückgebildete Flugmuskulatur; man trifft daher nur selten fliegende Exemplare an. Vor der Paarung ergreift das Männchen mit seinen Zangen den Hinterleib des Weibchens und bringt ihn in die rechte Position. (Nach Abschneiden der Zangen ist eine Kopulation unmöglich.)

➤ Fortpflanzung
Die Weibchen legen im Frühling und Herbst eine Höhle für ihre etwa 50 Eier an. Das Gelege wird durch Belecken, Umschichten und Verteidigung betreut, oft werden auch noch die Jungtiere umsorgt. Junge Ohrwürmer sehen den alten ähnlich (unvollkommene Verwandlung). Im Laufe ihrer Entwicklung machen sie 4–5 Häutungen durch.

➤ Nahrung
Die Nahrung besteht nicht, wie oft behauptet wird, nur oder in erster Linie aus Blattläusen und anderen Schadinsekten, sondern auch aus frischer Pflanzensubstanz, sodass die Tiere durch Benagen junger Triebe auch Schaden anrichten können.

➤ Allgemeines
Selbstverständlich sind Ohrwürmer keine Würmer, sondern Insekten. Die 3 heimischen Arten sind 5–25 mm große Insekten von heller oder dunkler Braunfärbung. Obwohl Ohrwürmer auf den ersten Blick flügellos wirken, besitzen sie dennoch Flügel und können auch in den meisten Fällen fliegen. Da ihre Deckflügel sehr klein sind, müssen die immerhin bis 10 mm langen, ovalen Hinterflügel in der Ruhe auf komplizierteste Weise (ähnlich einer Landkarte) zusammengefaltet werden, damit sie wenigstens teilweise darunter verschwinden und geschützt sind. Charakteristisch sind die kräftigen Zangen am Hinterleibsende. Sie dienen als Waffe gegen Feinde und Rivalen, zum Ergreifen von Beute und zum Ein- und Entfalten der Flügel; auch bei der Paarung sind sie wichtig (s. o.).

Etwas nackt sieht er schon aus, der scheinbar flügellose Ohrwurm. Warum er seine Flügel so sorgfältig versteckt, bleibt sein Geheimnis.

Kellerassel

Porcellio scaber

➤ Aussehen
7 gleichförmige Schreitbeinpaare garantieren die Fortbewegung. Die flach gewölbten Rückenschilder sind auf gelblichem Grund variabel grau marmoriert.

➤ Vorkommen
Die Kellerassel ist in Mitteleuropa wohl die häufigste Landassel. Als Kulturfolger wurde sie weltweit verschleppt. Bei uns lebt sie bevorzugt in und an etwas feuchteren Gebäuden, sonst an und in Mauern, unter Steinen und im Falllaub.

➤ Lebensweise
Die lichtscheuen Tiere verstecken sich tagsüber unter Steinen, in Mauerritzen und in der Laubstreu. Nachts gehen sie der Nahrungssuche nach, wobei sie sich als Verzehrer von allerlei Abfällen nützlich machen.

➤ Fortpflanzung
Die Eier entwickeln sich in einer Bauchtasche des Weibchens. Die Jungtiere sind beim Schlüpfen den Erwachsenen sehr ähnlich; man kann sie aber am Fehlen des letzten (siebten) Beinpaares erkennen.

➤ Nahrung
Kellerasseln leben hauptsächlich von abgestorbenen Pflanzenteilen und tragen damit als Humusbereiter wesentlich zur Verrottung der Pflanzenabfälle bei. Bei reichlichem Nahrungsangebot vermehren sie sich rasch.

Vorsintflutlichen Wesen gleichen die Asseln – und das sind diese landlebenden Krebse auch, die seit vielen Millionen Jahren die Erde bevölkern.

➤ Allgemeines
Man sieht es ihnen nicht gleich an, aber die Asseln gehören zu den Krebsen. Mit über 4000 weltweit bekannten Arten stellen sie eine ökologisch sehr vielgestaltige Gruppe dar. Sie besiedeln das Meer von den Küsten bis zur Tiefsee, viele weitere leben in Süßwasser, und ein Zweig der Verwandtschaft ist zu echten Landtieren geworden. Entsprechend vielfältig sind ihre Fressgewohnheiten: Neben Pflanzenfressern, Räubern, Aas- und Abfallfressern gibt es sogar Parasiten, wie die Fischasseln.
Typisch für die Asseln ist ein abgeflachter, durchgehend segmentierter Körper mit 2 Paar Antennen (Fühler) und 7 Paar Beinen. In Mitteleuropa leben etwa 40 verschiedene Asselarten. Im Holz lebende Bohrasseln können schädlich werden. Neben der Kellerassel findet man in Gärten und Gebäuden häufig auch die **Mauerassel** *(Oniscus asellus)*. Die beiden Arten sehen sich sehr ähnlich und unterscheiden sich auch hinsichtlich Lebensraum und Lebensweise nicht wesentlich. Weitere gelegentlich im Garten an sonnig-trockenen Stellen anzutreffende Asseln sind die **Kugelasseln** *(Armadillidium* sp.*)*. Diese Tiere können sich bei Gefahr vollständig zu einer Kugel zusammenrollen. Meister in dieser Kunst sind allerdings auch die zu den Tausendfüßern zählenden **Saftkugler** *(Glomeris* sp.*)*, deren Körperbau von breiten, gewölbten Rückenschildern geprägt wird; auch sie leben wie die Asseln unter Steinen und von Abfällen.

Gewöhnliche Kreuzspinne

Araneus diadematus

➤ Aussehen

Die Weibchen der Gewöhnlichen oder Garten-Kreuzspinne gehören mit 15 mm Körperlänge zu unseren größten Spinnen. Charakteristisch ist das weiße Kreuzmuster auf dem schwarzbraunen bis gelbbraunen Hinterleib. Ähnlich gezeichnet sind *A. quadratus* mit 4 weißen Flecken und *A. marmoreus* mit marmoriertem Rücken. Die Arten lassen sich auch an der Form der Netze unterscheiden.

➤ Vorkommen

In Mitteleuropa weit verbreitet und häufig.

➤ Lebensweise

Beim Bau des Netzes gehen die Tiere sehr systematisch vor: Zunächst wird ein vertikaler Rahmen aus 3–6 Fäden zwischen Zweige, Halme oder andere Strukturen gespannt. In diesen Rahmen werden dann etwa 30 konzentrische Speichen gezogen. All diese Fäden sind nicht klebrig. Erst im dritten Arbeitsgang werden bis zu 40 klebrige Fangfäden spiralig zwischen die Speichen gewebt. Die Spinne sitzt meist im Zentrum des Netzes, gelegentlich auch in einem seitlichen Schlupfwinkel, der durch einen Signalfaden mit dem Netz verbunden ist. Die Beute wird eingesponnen, dann durch eingespritzte Verdauungssäfte aufgelöst und aufgesogen.

Wie gut Funktionalität und Ästhetik zusammengehen, führen uns die Radnetzspinnen seit Adam und Eva vor Augen (vgl. auch S. 50). Dass manche Weibchen ihre Liebhaber verspeisen, erscheint weniger vorbildlich.

➤ Fortpflanzung

Im Spätsommer nähert sich das nur 5–10 mm große Männchen dem Weibchen vorsichtig, spinnt einen Werbefaden, an dem es so lange zupft, bis das Weibchen seine Paarungsbereitschaft zeigt, indem es sich reglos am Werbefaden hängen lässt. Die Paarung geschieht dann blitzschnell. Das Weibchen legt im Gras mehrere Eikokons ab, die außen mit gelber Fadenwatte umgeben sind. Die Jungen schlüpfen im nächsten Frühjahr und sitzen zunächst als merkwürdige gelbliche Kugel dicht beisammen, rennen bei Störung aber sofort auseinander. Nach wenigen Tagen zerstreuen sie sich. Als Halbwüchsige überwintern sie und werden erst im August des folgenden Jahres geschlechtsreif.

➤ Nahrung

Hauptsächlich kleinere Fluginsekten, die sich im Netz fangen und ausgesaugt werden.

➤ Allgemeines

Die Klasse der Spinnentiere unterscheidet sich von den Insekten (mit 6 Beinen) durch ihre 8 Beine. Zu ihr gehören Milben, Skorpione und Weberknechte. Mit etwa 30 000 Arten bilden die Webspinnen die größte Gruppe (in Mitteleuropa etwa 800 Arten). Nur etwa 50 Arten verstehen sich aber auf die Kunst Radnetze aufzuspannen, mit denen sie fliegende Insekten aus der Luft fangen. Die 2–8 Spinnwarzen am Hinterleibsende tragen bis zu 400 Spinndrüsen.

Gewöhnlicher Weberknecht

Phalangium opilio

➤ Aussehen

Im Gegensatz zu den Webspinnen ist der Körper der Weberknechte nicht durch eine Taille gegliedert. Charakteristisch sind auch die langen Taster und die 4 langen Laufbeinpaare, bei denen die Glieder verlängert und die Zahl der Endglieder stark vermehrt sind (bis zu 100). Das zweite Beinpaar dient zum Tasten und ist 5–7-mal so lang wie der Körper. Zwei große Stirnaugen liegen auf einem Augenhügel. Die Männchen (4–5 mm) haben einen kleineren Körper als die Weibchen (8–10 mm), dafür längere Beine.

➤ Vorkommen

In Mitteleuropa verbreitet und stellenweise sehr häufig. Während die übrigen Weberknechte und Kanker bevorzugt am Boden leben, besiedeln die Echten Weberknechte Mauern, Hauswände, Bäume, Sträucher und Gräser. Selbst in Großstädten findet man sie, oft in Mengen, da sie gerne gesellig leben. Man kann sie das ganze Jahr über antreffen (im Winter in Gebäuden), am häufigsten aber im Herbst. Der Gewöhnliche Weberknecht ist in den verschiedensten Landschaften zu Hause, im Gebirge sogar bis in Höhen von 2000 m.

➤ Lebensweise

Weberknechte sind hauptsächlich dämmerungs- und nachtaktiv. Tagsüber sitzen sie meist regungslos an versteckter Stelle, sie sonnen sich aber auch gerne. Bei Gefahr werden Beinstücke aktiv abgeworfen, die dann noch bis zu 30 Minuten zucken können, was Feinde auf die falsche Spur locken kann. Aus Stinkdrüsen können Weberknechte außerdem ein übel riechendes Sekret abgeben, das ebenfalls die sonst wehrlosen Tiere vor Feinden schützt. Oft sitzen Blut saugende winzige rote Milben an den Beinen oder am Körper von Weberknechten oder auch anderen Spinnen bzw. Insekten.

➤ Fortpflanzung

Junge Weberknechte ähneln zunächst Milben; erst nach mehreren Häutungen bekommen sie die langen Beine der Erwachsenen.

➤ Nahrung

Die Ernährung ist vielseitig und reicht von toten und lebenden Pflanzenstoffen bis zu Aas und lebenden, weichhäutigen Tieren. Räuberische Arten verdauen ihre Beute vor dem Mund und saugen dann das flüssige Mahl auf.

➤ Allgemeines

Alle Weberknechte sind für den Menschen völlig harmlos und machen sich durch die Vertilgung von Abfällen, Aas und Kleintieren nützlich. Die **Schneckenkanker** *(Ischyropsalis* sp.*)* fressen ausschließlich Nackt- und Gehäuseschnecken.

Zur reinen Fortbewegung sind solche Beine vielleicht ein bisschen übertrieben, doch zum Ertasten von Nahrhaftem und zum fröhlichen Wippen sind sie vorzüglich geeignet.

Auch wenn man das Wort Schnirkel im Duden vergeblich sucht, kann man sich doch vorstellen, was damit gemeint ist, wenn man die schönen Spiralen der Schnirkelschnecken betrachtet. Die Garten-Schnirkelschnecke hat eine helle Mündung.

Garten-Schnirkelschnecke

Cepaea hortensis

➤ Aussehen

Die Grundfarbe des Gehäuses der Garten-Schnirkelschnecke ist gelblich; darauf ziehen sich beim erwachsenen Tier 5 dunkelbraune spiralige Bänder hin, 2 oberhalb und 3 unterhalb der Peripherie (= dickste Stelle); der Rand der Gehäuseöffnung ist hell. Mindestens ebenso häufig tritt in Gärten die **Hain-Schnirkelschnecke** *(Cepaea nemoralis)* auf. Ihr Gehäuse ist meist ebenfalls gelb mit dunklen Bändern, es treten aber große Unterschiede in Färbung und Musterung auf bis hin zu rein gelben Gehäusen. Das wichtigste Unterscheidungsmerkmal gegenüber der Garten-Schnirkelschnecke ist der braune Mündungsrand.

➤ Vorkommen

In Mitteleuropa überall verbreitet; Gebüsche, lichte Wälder, Hecken, auch an Felsen und Mauern.

➤ Lebensweise

Schnecken leben von frischen oder leicht welken Pflanzen. Sie besitzen eine mit scharfen Zähnchen besetzte Zunge, mit der sie das Pflanzengewebe abschaben. Bei längerer Trockenheit im Sommer verschließen die Schnecken ihr Gehäuse mit einem häutigen, durch Kalkeinlagerungen versehenen Deckel. Auf diese Weise überwintern die im Boden eingegrabenen Tiere auch. Schnirkelschnecken werden mehrere Jahre alt.

➤ Fortpflanzung

Schnirkelschnecken sind Zwitter, haben also männliche und weibliche Organe in sich vereint. Bei der Paarung findet gegenseitige Befruchtung statt. Der Begattung geht ein »Liebesspiel« voraus, bei dem sich die Partner in aufrechter Haltung mit aneinander gepressten und sich reibenden Fußsohlen betasten und belecken. Dann stoßen sich die Partner gegenseitig einen so genannten Liebespfeil in den Leib. Daraufhin treten die jeweils männlichen und weiblichen Geschlechtsorgane hervor. Bei der nur wenige Minuten dauernden Kopulation wird eine Spermatophore von der männlichen in die weibliche Geschlechtsöffnung übergeben. Die runden Eier werden in einer durch Drehbewegungen der Schnecke hergestellten Bodenmulde abgelegt.

➤ Nahrung

Hauptsächlich die frischen Blätter der verschiedensten Pflanzen.

➤ Allgemeines

Schnecken gehören mit Muscheln und Tintenfischen zu den Weichtieren. Bei den im Garten so lästigen Nacktschnecken ist die Fähigkeit zur Bildung eines Gehäuses verloren gegangen. So einheitlich der Körperbau der Weichtiere ist, so vielfältig und oft wunderschön in Form und Farbe sind die Gehäuse, die daher auch zur Bestimmung der Arten besonders wichtig sind.

Regenwurm

Lumbricus terrestris

➤ Aussehen
Unser allgemein bekannter Regenwurm wird 9–30 cm lang. Das Vorderende ist meist deutlich spitzer als das Hinterende. Die Segmente 32–37 der geschlechtsreifen Tiere sind verdickt und werden als »Gürtel« bezeichnet; er dient der Paarung.

➤ Vorkommen
Die feuchte und sehr lichtempfindliche Haut zwingt den Regenwurm zu unterirdischem und nächtlichem Leben. Im Gegensatz zu anderen Arten, die z. B. saure, torfige oder schlammige Böden besiedeln, zieht unsere Art Lehmböden vor. Starke Regenfälle treiben die Würmer aus ihren Gängen an die Oberfläche (daher der Name), auch nachts kann man sie durchs feuchte Gras kriechen sehen oder bei der Paarung beobachten.

➤ Lebensweise
Die Bedeutung der Regenwürmer für Humusbereitung und Bodenstruktur kann gar nicht hoch genug eingeschätzt werden. Die Tiere verschlingen große Mengen an pflanzlichen Abfällen samt Bakterien und Erde und scheiden eine »Regenwurmerde« aus, die höchsten gärtnerischen Ansprüchen entspricht. Dabei lockern und belüften sie durch ihre mit Schleim ausgekleideten Gänge den Boden auch tiefgründig. Pro Quadratmeter gesunden Bodens finden sich etwa 125 g Regenwürmer, die im Jahr 2–5 kg Kot an die Oberfläche schaffen und bis zu 2,5 kg Mist und Pflanzenreste bis zu 1,5 m tief transportieren. Längere Hitze- und Kälteperioden verbringen sie zusammengerollt in der Tiefe.

➤ Fortpflanzung
Im Mai paaren sich die Zwitter nachts an der Oberfläche, indem sie ihre »Gürtel« aneinander legen, um den Samen auszutauschen. Die Eikokons werden an feuchten Stellen dicht unter der Erdoberfläche abgelegt.

➤ Nahrung
Pflanzen und pflanzliche Abfälle, die sie in ihre Röhren ziehen.

➤ Allgemeines
Weltweit gibt es etwa 17 000 Arten Ringelwürmer, von denen viele im Meer leben. Die Regenwürmer sind eine erdbewohnende Gruppe, deren Vertreter zwischen 2 und 60 cm lang werden (Ausnahme: ein bis 3 m langer Regenwurm in Australien). Von den insgesamt etwa 160 Arten der Familie Lumbricidae leben in Mitteleuropa rund 35 oft schwer unterscheidbare Arten. In Mist- und Komposthaufen finden sich oft in Mengen die kleineren und roten so genannten **Mistwürmer**. Feinde der Regenwürmer sind Maulwurf, Blindschleiche, Kröte, Laufkäferlarven und Drosseln, vor allem aber Agrochemikalien.

Auch wenn sie in ihrer Nacktheit ein bisschen obszön wirken, ihre subversive Tätigkeit verdient höchste Anerkennung und Bewunderung – wie schon Charles Darwin wusste (vgl. S. 13).

➤ Literatur

Bellmann, H.: Libellen beobachten, bestimmen; Neumann-Neudamm, Melsungen, 1987
Bezzel, E.: Vögel; Treffsicher bestimmen mit dem 3er-Check; BLV Verlagsges., München, 2002
Bezzel, E.: Vögel beobachten; BLV Verlagsges., München, 2002
Blab/Vogel: Amphibien und Reptilien erkennen und schützen; BLV Verlagsges., München, 2002
Chinery, M.: Insekten Mitteleuropas; Verlag Paul Parey, Hamburg und Berlin, 1979
Dierl, W.: Insekten; BLV Verlagsges., München, 2003
Engelhardt, W.: Was lebt in Tümpel, Bach und Weiher? Kosmos-Naturführer; Franckh'sche Verlagshandlung, Stuttgart,1989
Gabler, E.: Nistkästen und Futterhäuschen; Bauanleitungen und Praxistipps; BLV Verlagsges., 2003
Horn/Kögel: Käfer; BLV Verlagsges., München, 2000
Kightley, C., S. Madge, D. Nurney: Taschenführer Vögel – Alle Arten Mitteleuropas; BLV Verlagsges., München, 2000
Lohmann/Roché u. a.: Singvögel – mit Vogelstimmen-CD; BLV Verlagsges., München, 2002
Lohmann, M.: Vogelparadies Garten; BLV Verlagsges., München, 2002
Lohmann, M.: Das praktische Igel-Buch; BLV Verlagsges., München, 2001
Lohmann, M.: Die Kinderstube der Vögel; BLV Verlagsges., München, 2000
Lohmann, M.: Tiere in Wald und Flur; BLV Verlagsges., München, 2001
Lohmann, M.: Tagfalter; BLV Verlagsges., München, 2001
Lohmann, M.: Vögel am Futterhaus; BLV Verlagsges., München, 2001
Ludwig, H. W.: Tiere und Pflanzen unserer Gewässer; BLV Verlagsges., München, 2001
Pott, E.: Bach – Fluss – See; BLV Verlagsges., München, 2001
Rietschel, S.: Insekten; Treffsicher bestimmen mit dem 3er-Check; BLV Verlagsges., München, 2002
Siemers/Nill: Fledermäuse – Das Praxisbuch; BLV Verlagsges., München, 2002

➤ Adressen

Unter dem entsprechenden Stichwort finden Sie viele weitere Adressen im Internet!

ALA, Schweizerische Gesellschaft für Vogelkunde und Vogelschutz, Krähenbergstr. 53, CH-2543 Lengnau BE, 065-525895 (siehe auch kantonale und lokale Vertretungen)

Artenschutzzentrum Thüringen, Preissnitzberg 5, D-07389 Rauns, 03647-413826

Biologische Station Serrahn, D-17237 Serrahn/Neustrelitz

BUND, Bundesgeschäftsstelle, Im Rheingarten 7, D-53225 Bonn, 0228-400970 (siehe auch Landesgeschäftsstellen)

Bund Naturschutz in Bayern, Dr.-Joh.-Maier-Str. 4, D-93049 Regensburg, 0941-297200 (Adressen der Kreis- und Ortsgruppen finden Sie im Telefonbuch oder im Internet unter www.bund-naturschutz.de)

Igelfreunde Österreichs, Sonnenweg 5, A-5300 Hallwang, 0662-663125

Institut für Vogelforschung »Vogelwarte Helgoland«, An der Vogelwarte 21, D-26386 Wilhelmshaven, 04421-61800

Landesbund für Vogelschutz in Bayern (LBV), Landesgeschäftsstelle, Eisvogelweg 2, D-91161 Hilpoltstein, 09174-47750 (siehe auch Bezirks-, Kreis- und Ortsgruppen)

Naturschutzbund Deutschland (NABU), Bundesgeschäftsstelle, Herbert-Rabius-Str. 26, D-53225 Bonn, 0228-975610 (siehe auch Landesverbände und Ortsgruppen)

Naturschutzzentrum Annaberg, Am Sauwald 1, D-09487 Schlettau-Dörfel, 03733-562944 (suchen Sie im Telefonbuch nach einem Naturschutz- oder Umweltzentrum in Ihrer Nähe)

Österreichische Gesellschaft für Vogelkunde, Burgring 7, A-1014 Wien, 01-934651

Österreicher Naturschutzbund, Haus der Natur, Arenberggasse 10, A-5020 Salzburg, 0662-642909

Pro Igel, Lilienweg 22, D-24536 Neumünster, 04321-31856

Schweizer Vogelschutz (SVS), Zurlindenstr. 55, CH-8003 Zürich, 01-4637271

Schweizer Bund für Naturschutz (SBN), Postfach, CH-4020 Basel, 0161-3127442

Schweizerisches Landeskomitee für Vogelschutz (SLKV), Oberdorf, CH-8164 Bachs

Umweltzentrum »Ökohof« Auterwitz, Dorfstr. 8, D-04720 Zschaitz-Ottewig, 034325-20200 (suchen Sie im Telefonbuch nach einem Naturschutz- oder Umweltzentrum in Ihrer Nähe)

➤ Bezugsquellen

Emba Vogelschutzbau, Schnurgasse 17, 74653 Künzelsau

Karl Grund, Vogelschutzgeräte, Herzog-Ludwig-Str. 24, 93333 Neustadt/Donau

Schwegler, Vogel- und Naturschutzprodukte, Heinkelstr. 35, D-73614 Schorndorf, 07181-977450, www.schwegler-natur.de

G. Strobel, Vogelschutzgeräte, Tulpenstr. 10, 71093 Weil im Schönbuch

Vivara, Steyler Strasse 248, 41334 Nettetal, 0180-3848272, www.vivara.de

➤ Einige Internet-Adressen

www.bauanleitung-info.de
www.birdlife.ch
www.eulenmania.de
www.frauenwaldschule.de
www.futterkonzepte.de
www.home-versanet.de
www.hymenoptera.de
www.lbv-muenchen.de
www.luxnatur.lu
www.nabu.de
www.naju-hamburg.de
www.naturschutzring.de
www.re-natur.de
www.stechimmenschutz.de
www.tierundnatur.de
www.umweltschulen.de
www.wildbienen.de
www.umweltundnatur.lernnetz.de

➤ REGISTER

Bibliografische Information der Deutschen Bibliothek

Die Deutsche Bibliothek verzeichnet diese Publikation in der Deutschen Nationalbibliografie; detaillierte bibliografische Daten sind im Internet über http://dnb.ddb.de abrufbar.

Bildnachweis

Eisenbeiss: 38o
König: 54, 82, 101u, 121
Limbrunner : 8u, 21, 25, 60, 67u, 68, 71o, 73u, 76o, 77, 79, 85u, 89, 97, 99, 111, 116
Lohmann: 39o
Nill: 63
Pforr: 2/3, 6, 8o, 9, 14, 15, 18, 19, 24, 30u, 35, 42, 47, 46, 56, 61, 62, 64, 81u, 84u, 91o, 91u, 95, 100, 101o, 103, 105ul, 106, 108o, 117, 118, 119, 120
Pott: 28, 40, 43, 83u
Reinhard: 1, 12, 17, 22, 32, 36, 38u, 41, 58, 65, 73o
Willner: 8, 53, 59o, 71u, 76u, 78, 83o, 86, 87, 90, 93, 94, 96, 102, 105ur, 107, 108u, 113, 115
Wothe: 30o, 55, 50, 75, 80, 104, 105o, 109, 123
Zeininger: 11, 27, 52, 59u, 66, 67o, 69, 70, 72, 74, 81o, 84o, 85o, 88, 92, 98, 110, 112, 114

Grafiken

Marlene Passet: S. 16 (Pflanze und Blattlaus), 26, 39, Piktogramme
Werner Ring: S. 16 (Tiere, außer Blattlaus)
Grafik S. 13 aus: Lohmann: Das Naturgartenbuch. BLV, 1983
Grafik S. 31 aus: Blab/Vogel: Amphibien erkennen und schützen. BLV, 2002
Grafik S. 29 aus: Gabler: Nistkästen und Futterhäuschen. BLV, 2003

BLV Verlagsgesellschaft mbH
München · Wien · Zürich
80797 München

Umschlaggestaltung: Anja Masuch, Puchheim bei München
Umschlagfotos: Vorderseite: Willner (Schwalbenschwanz), Zeininger (Gartenschläfer, Laubfrosch, Rotkehlchen)
Rückseite: Limbrunner (Igel), Willner (Erdhummel), Zeininger (Zauneidechse)

Lektorat: Dr. Friedrich Kögel
Herstellung: Hermann Maxant

Satz: Satz+Layout Fruth GmbH, München
Reproduktionen: Repro Ludwig, Zell a. See

Gedruckt auf chlorfrei gebleichtem Papier

Printed in Germany · ISBN 3-405-16490-7